建设机械岗位培训教材

混凝土泵车安全操作与使用保养

住房和城乡建设部建筑施工安全标准化技术委员会
中国建设教育协会建设机械职业教育专业委员会 组织编写

岳红旭　谭　勇　主编

中国建筑工业出版社

图书在版编目（CIP）数据

混凝土泵车安全操作与使用保养/岳红旭，谭勇主编. —北京：中国建筑工业出版社，2018.9

建设机械岗位培训教材

ISBN 978-7-112-22562-0

Ⅰ. ①混… Ⅱ. ①岳… ②谭… Ⅲ. ①混凝土泵车-操作-岗位培训-教材 ②混凝土泵车-车辆保养-岗位培训-教材 Ⅳ. ①TU646

中国版本图书馆CIP数据核字（2018）第186594号

本书为建设机械岗位培训教材，内容包括岗位认知、基础知识、原理与组成、混凝土制备与运输、操作与使用、维护与保养、安全要求、设备安全标识、高层混凝土泵送施工工法与标准规范、施工现场常见标志与标示等。

本书既可作为施工作业人员上岗培训教材，也可作为高中职院校相关专业的教材。

责任编辑：朱首明　李　明　李天虹

责任校对：焦　乐

建设机械岗位培训教材

混凝土泵车安全操作与使用保养

住房和城乡建设部建筑施工安全标准化技术委员会
中国建设教育协会建设机械职业教育专业委员会　组织编写

岳红旭　谭　勇　主编

*

中国建筑工业出版社出版、发行（北京海淀三里河路9号）

各地新华书店、建筑书店经销

北京红光制版公司制版

北京市密东印刷有限公司印刷

*

开本：787×1092毫米　1/16　印张：5¼　字数：125千字

2018年10月第一版　2018年10月第一次印刷

定价：**19.00**元

ISBN 978-7-112-22562-0

（32637）

建设机械岗位培训教材编审委员会

特别鸣谢：

中国建设教育协会秘书处

中国建筑科学研究院有限公司建筑机械化研究分院

北京建筑机械化研究院有限公司

中国建设教育协会培训中心

中国建设教育协会继续教育专业委员会

中国建设劳动学会建设机械技能考评专业委员会

中联重科股份有限公司

三一重工股份有限公司

中国工程机械工业协会租赁分会

中国工程机械工业协会桩工机械分会

中国工程机械工业协会施工机械化分会

中国工程机械工业协会用户工作委员会

住房和城乡建设部标准定额研究所

全国建筑施工机械与设备标准化技术委员会

全国升降工作平台标准化技术委员会

住房和城乡建设部建筑施工安全标准化技术委员会

中国工程机械工业协会标准化工作委员会

中国工程机械工业协会施工机械化分会

中国建筑装饰协会施工专业委员会

北京建研机械科技有限公司

国家建筑工程质量监督检验中心脚手架扣件与施工机具检测部

廊坊凯博建设机械科技有限公司

河南省建筑安全监督总站

长安大学工程机械学院

山东德建集团

大连城建设计研究院有限公司

北京燕京工程管理有限公司

中建一局北京公司

北京市建筑机械材料检测站

中国建设教育协会建设机械领域骨干会员单位

前　言

我国在20世纪50年代开始从国外引进混凝土泵，90年代由中联重科和三一重工等国内骨干企业推进国产化，逐渐替代进口品牌。2000年前，混凝土泵车市场90%以上份额被国外品牌占据。2012年后，泵车企业发展到10余家，产能主要集中在中联重科、三一重工、徐工机械等企业，占全行业90%以上，目前国外品牌在我国市场份额不足10%。以中联重科、三一重工为代表的混凝土泵车产品已接近国际先进水平，我国混凝土泵车产品全面走向世界，成为中国制造“混凝土机械领域”的一大亮点。

混凝土泵车是将混凝土泵的泵送机构、用于布料的布料臂架以及支撑机构集成在汽车底盘上，集行驶、布料、泵送功能于一体的高效混凝土泵送机械，可以实现点、面、垂直柱状、水平带状的混凝土布料，广泛用于国内市政建设、多层和高层住宅小区、机场、体育场馆、城市立交桥、铁路桥墩等建筑物以及高铁、公路梁箱等大型混凝土预制件的混凝土输送作业；随着机械化施工的普及，现场作业人员对混凝土泵车等机械化施工作业知识提出了更新需求。

为推动机械化施工领域岗位能力培训工作，中国建设教育协会建设机械职业教育专业委员会联合中国建筑科学研究院有限公司建筑机械化研究分院、住房城乡建设部施工安全标准化技术委员会等共同设计了建设机械岗位培训教材的知识体系和岗位能力的知识结构框架，并启动了岗位培训教材研究编制工作，得到了行业主管部门、高校院所、行业龙头骨干厂、高中职校会员单位和业内专家的大力支持。《混凝土泵车安全操作与使用保养》教材全面介绍了该领域的行业知识、职业要求、产品原理、设备操作、维护保养、安全作业及设备在各领域的应用，对于普及机械化施工作业知识将起到积极作用。

该书既可作为施工作业人员上岗培训之用，也可作为高中职校相关专业基础教材。因水平有限，编写过程如有不足之处，欢迎广大读者提出意见和建议。

全书由中联重科股份有限公司岳红旭、谭勇主编统稿。中联重科混凝土机械公司吴斌兴、中国建筑科学研究有限公司建筑械化研究分院王平主审。

本书编写过程中得到了中国建设教育协会建设机械职业教育专业委员会各会员单位的大力支持。参加教材编写的有：衡水龙兴房地产开发公司王景润，河北公安消防总队李保国，衡水市建设工程质量监督检验中心王敬一、王项乙，中国京冶工程技术有限公司胡晓晨，浙江开元建筑安装集团余立成，中建一局北京公司秦兆文，中国建筑科学研究院有限公司建筑机械化研究分院恩旺、鲁云飞、刘贺明、陈晓锋、张磊庆、王涛、孟竹、鲁卫涛、张森、刘承桓、安志芳、周磊、石小虎、曹国巍、陈炜宁等，中国京冶工程技术有限公司胡培林，三一重机职业培训学校鲁轩轩，武警交通指挥部培训中心刘振华、林英斌，住建部标准定额研究所雷丽英、毕敏娜、姚涛、张惠锋、刘彬、郝江婷、赵霞，中国建设劳动学会夏阳，山东德建集团胡兆文、李志勇、田长军、张宝华、唐志勃，河南省建设工程安全监督站牛福增、陈子培、马志远，河南省建筑工程标准定额站朱军，河南省建筑科学研究院有限公司冯勇、岳伟保、薛学涛、金鑫，北京城市副中心行政办公区工程建设办公室安全生产部曾勃，北京建筑机械化研究院有限公司邢惠亮、余太吉、马旭东、唐圆、程志强、李丽、刘惠彬、尹文静、于景华、刘研、刘双等，北京市建筑机械材料检测站王凯晖，黑龙江建设安全监督总站扈其强、宋煜，牡丹江建设工程安全监督站孙洪涛，齐齐哈尔建设安全监督站王长海、刘培龙，郑州大博金职业培训学校禹海军，南宁群健工程机械职业培训学校刘彬，重庆市渝北区贵山职业培训学校邢锋，宝鸡东鼎工程机械职业培训学校师培义等。

本书作为建设机械岗位公益培训教材，所选场景、图片均属善意使用，编写团队对行业厂商品牌无任何倾向性；在此谨向与编制组分享资料、图片和素材的机构人士一并致谢。成书过程中得到了中国建设教育协会刘杰、李平、王凤君、李奇、张晶、傅钰等领导和专家精心指导，中国工程机械工业协会李守林副理事长、工程机械租赁分会田广范理事长、桩工机械分会刘元洪理事长、中联重科混凝土公司吴斌兴总工、原《混凝土泵车操作》一书编写组中联重科周东蕾、徐建华，三一重工（原普兹麦斯特（PM）公司）马志军、朱善基，原中国建设教育协会建设机械专委会秘书处荣大成理事长、实训指导部陈春明讲师等业内人士不吝赐教，一并致谢。

目　录

第一章　岗　位　认　知

第一节　从　业　要　求

一、岗位能力

岗位能力主要是指针对某一行业某一工作职位提出的在职实际操作能力。

岗位能力培训旨在针对新知识、新技术、新技能、新法规等内容开展培训，提升从业者岗位技能，增强就业能力，探索职业培训的新方法和途径，提高我国职业培训技术水平，促进就业。

在市场化培训服务模式下，学员可以由住房和城乡建设部主管的中国建设教育协会建设机械职业教育专业委员会的会员定点培训机构，自愿报名注册参加培训学习，考核通过后，取得岗位培训合格证书（含操作证）；该学习培训过程由培训服务市场主体基于市场化规则开展，培训合格证书由相关市场主体自愿约定采用。该证书是学员通过专业培训后具备岗位能力的证明，是工伤事故及安全事故裁定中证明自身接受过系统培训、具备基本岗位能力的辅证；同时也证明自己接受过专业培训，基本岗位能力符合建设机械国家及行业标准、产品标准和作业规程对操作者的基本要求。

学员发生事故后，调查机构可能追溯学员培训记录，社保机构也将学员岗位能力是否合格作为理赔要件之一。中国建设教育协会建设机械职业教育专业委员会作为行业自律服务的第三方，将根据有关程序向有关机构出具学员培训记录和档案情况，作为事故处理和保险理赔的第三方辅助证明材料。因此学员档案的生成、记录的真实性、档案的长期保管显得较为重要。学员进入社会从业，经聘用单位考核入职录用后，还须自觉接受安全法规、技术标准、设备工法及应急事故自我保护等方面的变更内容的日常学习，以完成知识更新。

国家实行先培训后上岗的就业制度。根据最新的住房和城乡建设部建筑工人培训管理办法，工人可由用人单位根据岗位设置自行实施培训，也可以委托第三方专业机构实施培训服务，用人单位和培训机构是建筑工人培训的责任主体，鼓励社会组织根据用户需要提供有价值的社团服务。

国家鼓励劳动者在自愿参加职业技能考核或鉴定后，获得职业技能证书。学员参加基础培训考核，获取建设类建设机械施工作业岗位培训证明，即可具备基础知识能力；具备一定工作经验后，还可通过第三方技能鉴定机构或水平评价服务机构参加技能评定，获得相关岗位职业技能证书。

二、从业准入

所谓从业准入，是指根据法律法规有关规定，从事涉及国家财产、人民生命安全等特种职业和工种的劳动者，须经过安全培训取得特种从业资格证书后，方可上岗。

对属于特种设备和特种作业的岗位机种，学员应在岗位基础知识能力培训合格后，自觉接受政府和用人单位组织的安全教育培训，考取政府的特种从业资格证书。从2012年起，工程建设机械已经不再列入特种设备目录（塔式起重机、施工升降机、大吨位行车等少数几种除外)。混凝土布料机、旋挖钻机、锚杆钻机、挖掘机、装载机、高空作业车、平地机、混凝土泵车等大部分建设机械机种目前已不属于特种设备。在不涉及特种作业的情况下，对操作者不存在行业准入从业资格问题。

混凝土泵车如果使用不当或违章操作，会造成建筑物、周边设备及设备自身的损坏，对施工人员安全造成伤害。从业人员须在基础知识能力培训合格基础上，经过用人单位审核录用、安全交底和技术交底，获得现场主管授权后，方可上岗操作。

三、知识更新和终身学习

终身学习指社会每个成员为适应社会发展和实现个体发展的需要，贯穿于人的一生的持续的学习过程。终身学习促进职业发展，使职业生涯的可持续性发展、个性化发展、全面发展成为可能。终身学习是一个连续不断的发展过程，只有通过不间断的学习，做好充分的准备，才能从容应对职业生涯中所遇到的各种挑战。

建设机械施工作业的法规条款和工法、标准规范的修订周期一般为3～5年，而产品型号技术升级则更频繁，因此，建设行业的施工安全监管部门、行业组织均对施工作业人员提出了在岗日常学习和不定期接受继续教育的要求，目的是为了保证操作者及时掌握设备最新知识、标准规范和有关法律法规的变动情况，保持施工作业者的安全素质。

施工机械设备的操作者应自觉保持终身学习和知识更新、在岗日常学习等，以便及时了解岗位相关知识体系的最新变动内容，熟悉最新的安全生产要求和设备安全作业须知事项，才能有效防范和避免安全事故。

终身学习提倡尊重每个职工的个性和独立选择，每个职工在其职业生涯中随时可以选择最适合自己的学习形式，以便通过自主自发的学习在最大和最真实程度上使职工的个性得到最好的发展。兼顾技术能力升级学习的同时，也要注意职工在文化素质、职业技能、社会意识、职业道德、心理素质等方面的全面发展，采用多样的组织形式，利用一切教育学习资源，为企业职工提供连续不断的学习服务，使所有企业职工都能平等获得学习和全面发展的机会。

第二节　职 业 道 德 常 识

一、职业道德的概念

职业道德是指所有从业人员在职业活动中应该遵循的行为准则，是一定职业范围内的特殊道德要求，即整个社会对从业人员的职业观念、职业态度、职业技能、职业纪律和职业作风等方面的行为标准和要求。属于自律范围，它通过公约、守则等对职业生活中的某些方面加以规范。

二、职业道德规范要求

原建设部1997年发布的《建筑业从业人员职业道德规范（试行）》中，对建筑从业人员相关要求如下：

1. 建筑从业人员共同职业道德规范

（1）热爱事业，尽职尽责

热爱建筑事业，安心本职工作，树立职业责任感和荣誉感，发扬主人翁精神，尽职尽责，在生产中不怕苦，勤勤恳恳，努力完成任务。

（2）努力学习，苦练硬功

努力学文化、学知识，刻苦钻研技术，熟练掌握本工种的基本技能，练就一身过硬本领。努力学习和运用先进的施工方法，钻研建筑新技术、新工艺、新材料。

（3）精心施工，确保质量

树立“百年大计、质量第一”的思想，按设计图纸和技术规范精心操作，确保工程质量，用优良的成绩树立建安工人形象。

（4）安全生产，文明施工

树立安全生产意识，严格安全操作规程，杜绝一切违章作业现象，确保安全生产无事故。维护施工现场整洁，在争创安全文明标准化现场管理中做出贡献。

（5）节约材料，降低成本

发扬勤俭节约优良传统，在操作中珍惜一砖一木，合理使用材料，认真做好落手轻、现场清，及时回收材料，努力降低工程成本。

（6）遵章守纪，维护公德

要争做文明员工，模范遵守各项规章制度，发扬团结互助精神，尽力为其他工种提供方便。

提倡尊师爱徒，发扬劳动者的主人翁精神，处处维护国家利益和集体利益，服从上级领导和有关部门的管理。

2. 中小型机械操作工职业道德规范

（1）集中精力，精心操作，密切配合其他工种施工，确保工程质量，使工期如期完成。

（2）坚持“生产必须安全，安全为了生产”的意识，安全装置不完善的机械不使用，有故障的机械不使用，不乱接、私接电线。爱护机械设备，做好维护保养工作。

（3）文明操作机械，防止损坏他人和国家财产，避免机械嘈杂声扰民。

第三节　知　识　体　系

混凝土泵车作业岗位知识能力体系由中国建设教育协会建设机械职业教育专业委员会委托并联合住建部建筑施工安全标准化技术委员会及行业机构共同设计，主要依据设备手册、使用说明书、技术标准、安全规程、作业工法以及法律法规、职业道德、工地作业与自我防护等岗位能力要求而开展培训。

主要内容涵盖了如下：

（1）法律法规与职业道德常识；
（2）设备基本原理与工作常识；
（3）设备手册与使用说明书；
（4）相关技术标准、安全规程；
（5）混凝土泵送机械化作业与施工工法；
（6）现场作业安全与防护常识；
（7）作业过程运算验算常识；
（8）设备实操作业主要动作要领；
（9）日常使用检查维护与防护要领；
（10）混凝土泵车施工作业要领；
（11）人机协同/多机联合施工要领；
（12）工地实践适应与常用验算；
（13）职业道德与诚信操守。

对于混凝土泵车知识传授人员在以上知识体系基础上，还对行业认知、产业知识、职业指导、施工知识、教法研究、题库建设、教务管理、师德操守等提出了要求。

第二章 基 础 知 识

第一节 产 品 简 史

据考证，1907年德国开始研究混凝土泵，并制造出第一台混凝土泵，1927年德国的弗利茨·海尔设计了一种新型混凝土泵，并实际应用。1930年德国设计了单缸球阀式混凝土泵；1932年德国生产了有两个连杆机构联动的旋转阀和一个卧式缸组成的混凝土泵，现在的混凝土泵皆是采用该基本原理，只是阀门结构和驱动机构在不断地改进。

1959年德国的SCHWING公司生产了第一台全液压混凝土泵，奠定了现在混凝土泵的基础，为了满足施工的需要，提高混凝土泵的机动性，1968年意大利CIFA公司研制并推出了世界首台16m混凝土泵车，同年德国的SCHWING公司也研制出了首台42m混凝土泵车，使混凝土泵由固定式发展成车载式，更加灵活机动。到20世纪80年代，国外已开发出了系列混凝土泵车，布料高度16～52m，混凝土输送方量56～150m^3/h，输送压力（5.5～10.8）MPa。

中国的混凝土泵起步较晚，20世纪50年代开始从国外引进混凝土泵，60年代上海重型机器厂试制了排量为40m^3/h的混凝土泵，但应用少，未能推广，到80年代初国内已研制出多种型号的混凝土泵，部分已开始小批生产，并应用于实际生产。90年代随着中联重科和三一重工开始生产国产化的混凝土泵和商品化混凝土的推广，混凝土泵车在国内得到了长足的发展，并逐渐替代了进口品牌。

我国20世纪80年代初期开始试制混凝土泵车，1983年引进日本石川岛播磨重工的技术开始生产混凝土泵车。但在2000年前，混凝土泵车的市场年销量仅为50台左右，泵送机械90%以上的市场份额为国外品牌占据。2001～2012年泵车年销量阶跃式发展，泵车生产企业发展到10余家，产能主要集中在中联重科、三一重工、徐工机械等企业，占全行业的90%以上，目前国外品牌的混凝土机械在我国的份额不足10%。随着中联重科收购意大利CIFA公司，三一重工收购德国普次迈斯特公司，徐工机械收购德国施维英公司等一系列海外并购，行业的集中度更高，产品全面走向世界。目前以中联重科、三一重工为代表的混凝土泵车，无论在泵送压力、泵送排量，还是在稳定性、可靠性等方面，都已接近国际先进水平（表2-1）。

混凝土泵车发展历程 表2-1

1968年	CIFA研发并生产了全球第一台混凝土泵车（16m）
1977年	长沙建设机械研究院（中联重科前身）和浦沅工程机械总厂设计并生产了中国第一台泵车
1979年	上海第八建筑工程公司仿制了前东德水压式臂架混凝土泵车
1983年	湖北建机引进研制了HJC517085型号的混凝土泵车
1986年	德国普茨迈斯特62m世界最长臂架泵车诞生

续表

2000年后	中联重科等厂家陆续实现了泵车的商品化销售
2007年	三一重工率先推出66m泵车，一举超越普茨迈斯特，成为世界最长臂架泵车制造商
2009年	三一重工的72m泵车再次创造了“臂架长度世界第一、混凝土泵送速度世界第一”两项世界纪录
2011年	中联重科80m臂架泵车创造了泵车最长臂架，最长碳纤维臂架等多项世界纪录，并获得吉尼斯世界纪录认证
2012年	中联重科101m全球最长臂架泵车，再一次创造了吉尼斯纪录

（因技术创新因素，以上数据可能有变动，感兴趣的读者可向厂家问询）

第二节　用途与分类

混凝土泵车在施工过程中和搅拌车相互配合使用，来实现混凝土的输送和浇注作业，它结合了混凝土托泵和布料机的优点于一身，将泵送和浇筑工序融合在一起，降低了劳动强度，提高了作业效率，减少了混凝土的消耗，确保了施工质量，同时也降低现场搅拌对环境的污染，因此被广泛应用于建筑施工的各个领域。

一、混凝土泵车的用途

混凝土泵车是将混凝土泵的泵送机构，用于布料的布料臂架以及支撑机构集成在汽车底盘上，集行驶、布料、泵送功能于一体的高效混凝土泵送机械，可以实现点、面、垂直柱状、水平带状的混凝土布料。适用于市政建设、多层和高层住宅小区、机场、体育场馆、城市立交桥、铁路桥墩等建筑物以及高铁、公路梁箱等大型混凝土预制件的混凝土输送。

相对于拖泵，混凝土泵车具有以下优势：

臂架上附着管道，无需另外配管道，到达工作地点后，一般在半个小时之内就能打开臂架进行施工作业；

配备布料臂架，在工作范围内能灵活的运动，布料方便快捷，而且泵送速度快，工作效率高；

自动化程度高，整台泵车从泵送到布料均能一人操作，配备无线遥控系统，操作方便；

机动性能好，在一个工程作业完成后能迅速转移到另一个工程继续作业，设备利用率高。

尽管泵车有许多优点，但是也有一些局限，例如泵送高度受臂架长度限制（泵车臂架并非越长越好，臂架长度要与工况需求结合，臂架过长还会带来能耗高），施工所需场地也比较大，对混凝土要求高。

二、混凝土泵车的分类

根据泵车主要机构、系统的特征，主要有以下几种产品分类方法。

1. 按臂架布料高度分类

混凝土泵车的臂架布料高度是指臂架完全展开竖直后，地面与臂架顶端之间的最大垂直距离。按目前行业内的习惯，混凝土泵车依据臂架布料高度分类，通常可分为短臂架、中长臂架、长臂架以及超长臂架泵车这四种类型，如表 2-2 所示。

泵车按布料高度分类 表 2-2

分类	简图	简要说明
短臂架	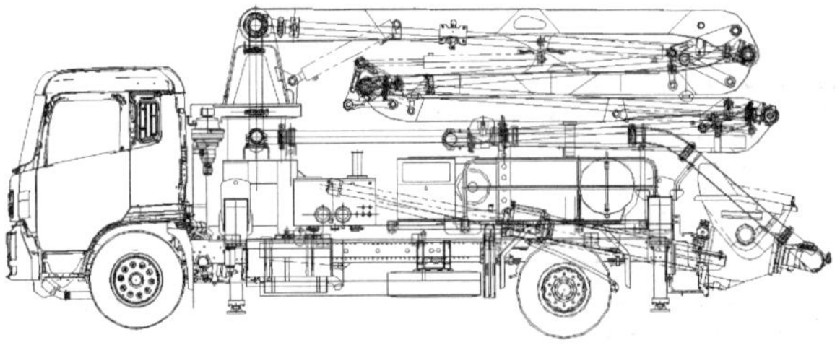	<34m
中长臂架	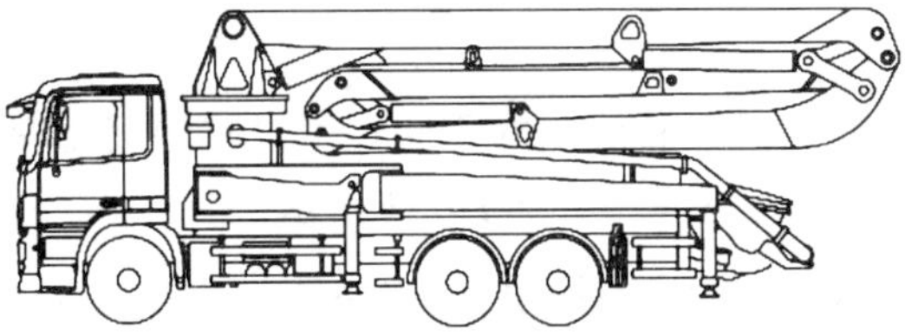	34～50m
长臂架	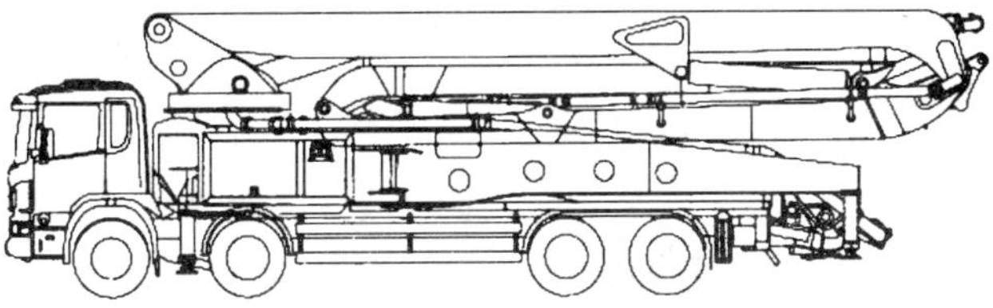	50～60m
超长臂架	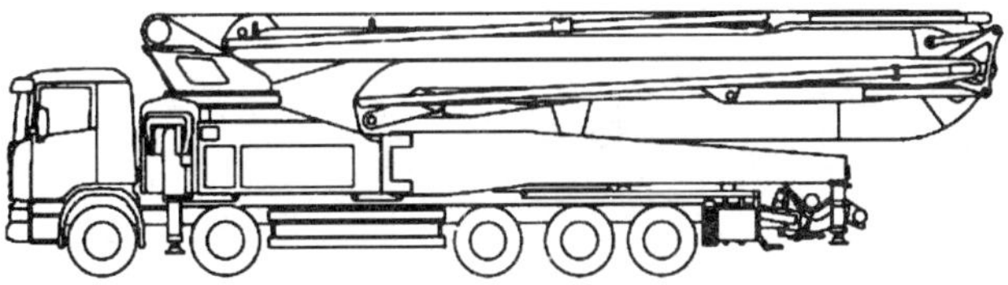	60m 以上

2. 按臂架折叠方式分类

混凝土泵车在行驶时，臂架是处于收拢折叠状态的。受布料范围、布料角度、展臂时间以及整车长度和高度等不同要求的限制，混凝土泵车的臂架具有多种折叠形式，如表 2-3 所示。

混凝土泵车臂架折叠形式的分类 表 2-3

分类	简图	简要说明
R 型		俗称的绕卷式，大臂举升力大，展开空间要求较高，展开较慢

续表

分类	简　　图	简要说明
Z 型		折叠式，操作灵活，大臂举升力小
RZ 型	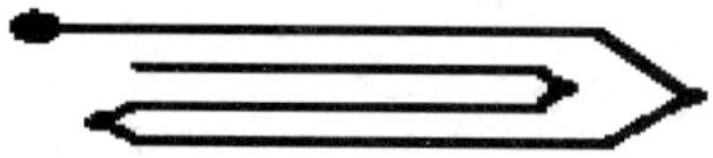	复合型，综合 R 型、Z 型的优点
RT 型		大臂伸缩结构，结构紧凑，设计制造困难

3. 按支腿展开形式分类

按目前行业内的习惯，依据支腿展开形式的不同，可以将混凝土泵车分为前后摆动型、前后伸缩型、前伸后摆型泵车三种类型，如表 2-4 所示。

混凝土泵车支腿展开形式的分类　　表 2-4

分类	简　　图	简要说明
前后摆动型	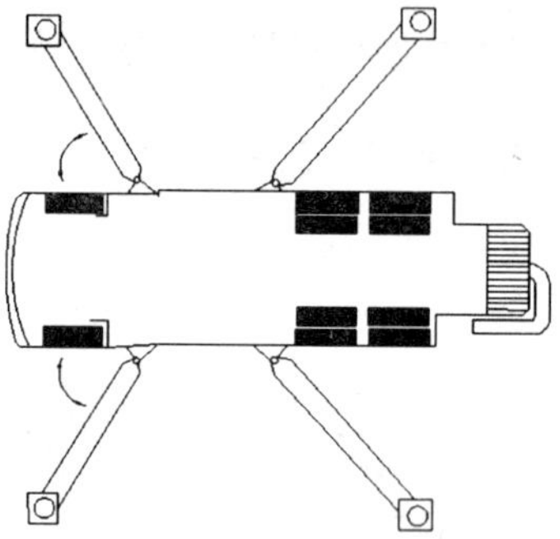	前支腿后摆伸缩，后支腿摆动
	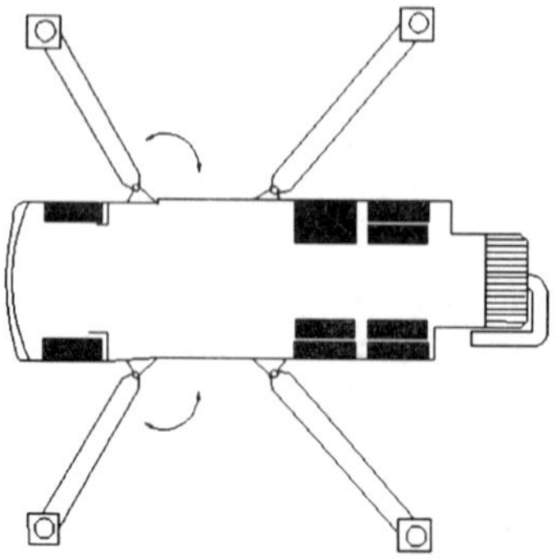	前支腿前摆伸缩，后支腿摆动

续表

分类	简　图	简要说明
前后伸缩型	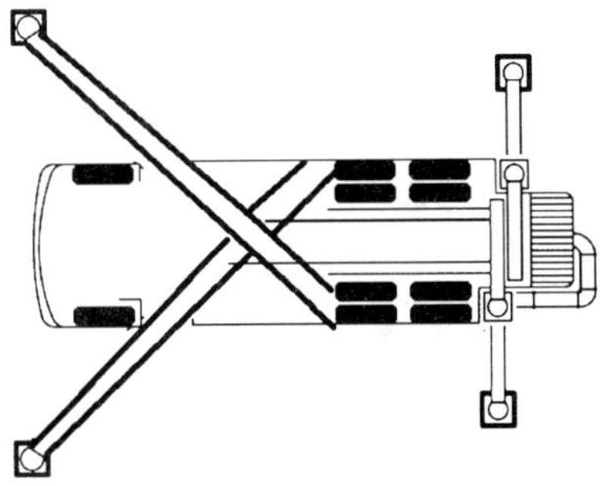	前支腿 X 形，后支腿侧向伸缩，简称为 XH 支腿
	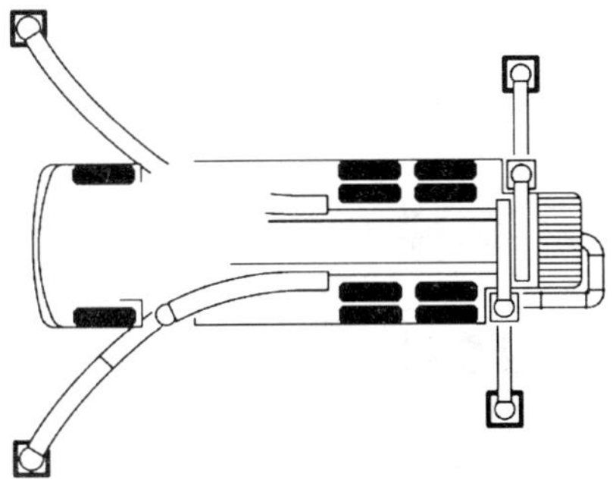	前支腿弧形，后支腿侧向伸缩
	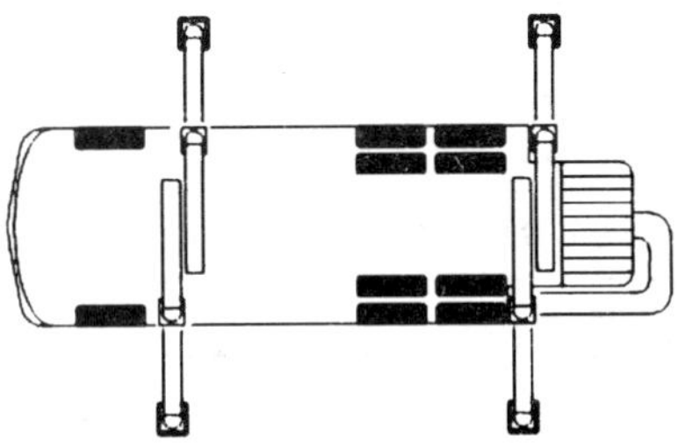	前后支腿都为 H 形
前伸后摆型	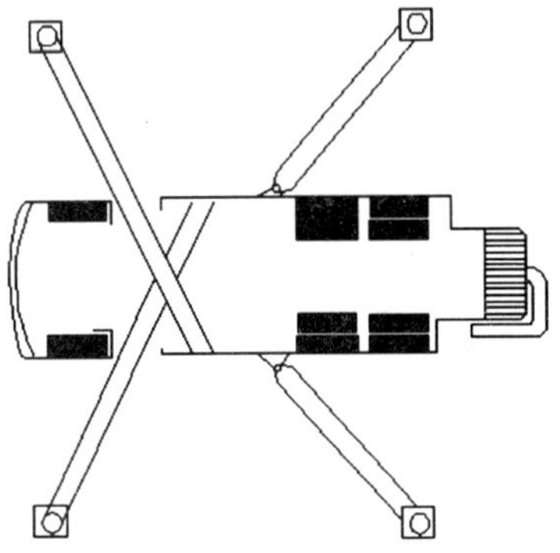	前支腿 X 形，后支腿摆动

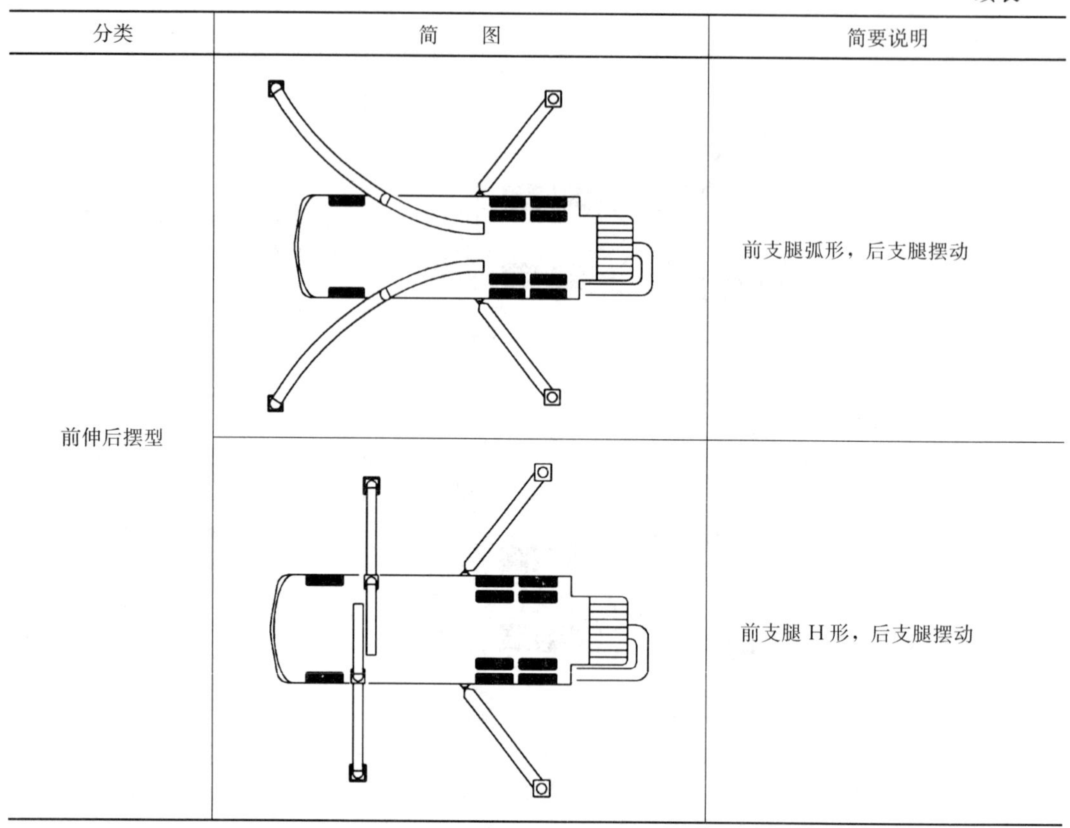

续表

分类	简　　图	简要说明
前伸后摆型		前支腿弧形，后支腿摆动
		前支腿 H 形，后支腿摆动

4. 按分配阀形式分类

泵车分配阀的结构形式多样，各有优缺点，结构类型见表 2-5。

泵车分配阀的分类 **表 2-5**

分类	简　　图	简要说明
S 管阀		以 S 形管件摆动达到混凝土吸入和推送的结构。密封性好，出口压力高
裙阀		以裙形管件摆动达到混凝土吸入和推送的结构。流道通畅、阻力小，阀体寿命长

续表

分类	简　　图	简要说明
闸板阀		由板阀上下运动来达到混凝土吸入和推送的结构。吸料性好、混凝土适应性强，但泵送压力不高。
挤压阀		通过旋转挤压阀体内的软管实现混凝土的吸入和推送。结构简单，但是泵送压力低。
C形阀		以C形管件摆动达到混凝土吸入和推送的结构。密封性好，吸料性好，易维修

第三节　规格与参数

泵车技术规格型号一般为一系列组合代码，各企业代码各有不同，大致代码含义如下：

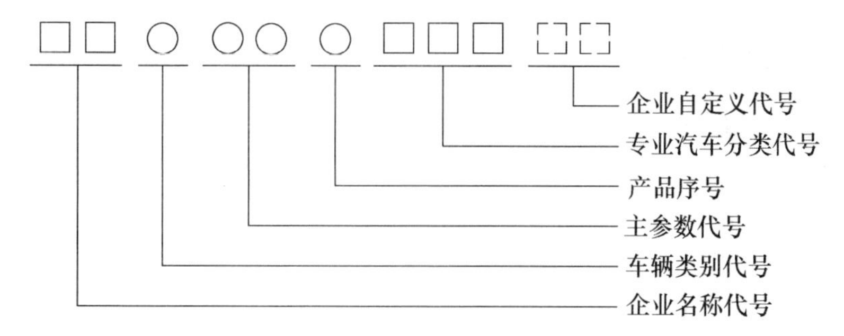

例如：ZLJ5 331THBB

——ZLJ为中联重科的企业代号；

——33为车辆总质量；

——1为底盘开发的序列号；

——最后字母B代表欧四奔驰底盘。

以中联重科泵车为例，技术规格型号解析说明见表2-6。

泵车技术规格型号　　表2-6

底盘	技术规格型号	简要说明
两桥底盘	ZLJ5161THB 22H-4Z	布料高度21.2m，H形支腿，4节臂，Z型臂架折叠，整车重量16t
三桥底盘	ZLJ5339THB 49X-6RZ	布料高度48.6m，X形支腿，6节臂，RZ型臂架折叠，整车重量33t
四桥底盘	ZLJ5440THBS 56X-6RZ	布料高度56m，X形支腿，6节臂，RZ型臂架折叠，整车重量44t
五桥底盘	ZLJ5540THBB 67-6RZ	布料高度66.1m，摆动支腿，6节臂，RZ型臂架折叠，整车重量54t
六桥底盘	ZLJ5640THBB 80-7RZ	布料高度80m，摆动支腿，7节臂，RZ型臂架折叠，整车重量64t

一、整机性能参数

1. 整机质量（kg）

混凝土泵车的整机质量受到底盘承载能力及道路限行能力的规定，同时又直接影响着车辆的燃油经济性，是产品的一个关键性能参数。

2. 整车外形尺寸（mm）

对于混凝土泵车，整车外形尺寸有时决定了是否具有通过能力和能否适应工地作业场地要求。

3. 支腿跨距（mm）

支腿跨距是为了满足泵车稳定性而要求的，在施工中必须保证支腿完全展开。尽管目前部分厂家具有单侧作业系统、防倾翻保护等安全智能控制，但在一般常规的施工中，建议还是将支腿完全展开，防止因系统失效而出现安全事故。

二、泵送系统参数

1. 理论输送方量（m^3/h）

理论输送方量值反映了泵送设备的工作速度和效率，但由于工作情况的不同，如在较高压力下，在满足功率匹配的情况下，必须使输送量下降。另外混凝土泵送设备吸料性的好坏也很大程度上决定着泵送的效率，有的混凝土泵送设备由于吸料性不佳实际输送方量要远小于理论输送方量值。只有合理匹配参数和优化设计才能保证实际泵送的方量。

2. 理论泵送压力（MPa）

理论泵送压力是指混凝土泵送设备的出口压力，也就是当泵送液压系统达到最大压力时所能提供的最大混凝土泵送压力，通过高低压切换，最大出口压力将不同。

3. 分配阀形式

混凝土泵车分配阀形式主要有S管阀、裙阀和C形阀等，但S管阀由于具有密封性好、使用方便、寿命长、料斗不容易积料等优点而被广泛采用。

4. 料斗容积（L）

料斗容积一般在500L左右，但放料一般不宜太满，以免增加搅拌阻力，或使搅拌轴密封及其他密封早期磨损；但料也不能低于搅拌轴，否则就容易吸空，影响泵送效率。

5. 上料高度（mm）

上料高度一般在1500mm左右，主要是为了满足混凝土搅拌输送车方便卸料的要求。

三、液压系统参数及形式

1. 压力

液压系统压力是指泵送液压系统压力的公称值。

2. 高低压切换方式

高低压切换方式是指泵送系统的高低压切换形式，分为手动和自动两种。通常，手动可分为更换胶管和转阀式。

3. 液压系统形式

液压系统形式是指主泵送系统的液压系统形式，分为开式和闭式两种，两种形式共存。通常，中小方量泵和短臂架泵车以开式为主，大方量泵及中长臂架泵车则采用闭式。

4. 液压油冷却方式

液压油冷却普遍采用风冷，风机采用电机驱动或液压驱动。为满足不同工况和不同施工环境，双电动风机自动控制，可较好地控制液压系统的温度。

四、布料系统参数

1. 布料范围（m）

布料范围是指混凝土泵车在布料作业状态下，布料臂上输送硬管出料口中心所能达到的区域，包含最大垂直高度、水平布料半径以及布料深度三个关键指标。最大垂直高度是指混凝土泵车布料臂上输送硬管出料口中心与地面之间的最大垂直距离；水平布料半径一般为臂架的实际总长度，若转台为偏心斜转台，则布料半径还需减去转台的偏心量；布料深度一般约为实际臂架长度减去第一臂的长度，再减去泵车工作时转台与一节臂铰孔距地面的高度。

2. 回转角度（°）

为满足混凝土泵车全方位的工作需要，由回转限位进行控制。

3. 臂节数量

混凝土泵车臂节数量一般有3、4、5、6、7节，臂节越多，伸展越灵活，但控制要求也高，臂架的抖动也可能更大。

4. 臂节长度（mm）

混凝土泵车臂节长度主要是臂架布料范围和臂架形式等要求决定。主要为便于合理分布载荷和空间。

5. 展臂角度（°）

混凝土泵车展臂角度是为了满足臂架的动作空间而设计，使其能方便快捷地达到工作位置。

下面以 ZLJ5419THB 52X-6RZ 泵车的主要技术参数进行解析说明，见表 2-7。

ZLJ5419THB 52X-6RZ 混凝土泵车主要技术参数 **表 2-7**

<table>
<tr><td rowspan="19">ZLJ5419THB 52X-6RZ</td><td rowspan="3">整机性能参数</td><td>整机重量（kg）</td><td>41000</td></tr>
<tr><td>整车外形尺寸（长×宽×高）（mm）</td><td>13750×2500×4000</td></tr>
<tr><td>支腿跨距（前×后×侧）（mm）</td><td>9300×11900×10400</td></tr>
<tr><td rowspan="6">泵送系统参数</td><td>理论输送方量（m^3/h）</td><td>200/140</td></tr>
<tr><td>理论泵送压力（MPa）</td><td>8.3/12</td></tr>
<tr><td>输送缸内径×行程（mm）</td><td>ϕ260×2100</td></tr>
<tr><td>分配阀形式</td><td>S 管阀</td></tr>
<tr><td>料斗容积（L）</td><td>600</td></tr>
<tr><td>上料高度（mm）</td><td>1540</td></tr>
<tr><td rowspan="4">液压系统参数</td><td>系统压力（MPa）</td><td>35</td></tr>
<tr><td>高低压切换方式</td><td>自动</td></tr>
<tr><td>液压系统形式</td><td>闭式</td></tr>
<tr><td>液压油冷却形式</td><td>风冷</td></tr>
<tr><td rowspan="5">布料系统参数</td><td>布料范围（高度/半径/深度）</td><td>52/48/37.6</td></tr>
<tr><td>回转角度（°）</td><td>±270</td></tr>
<tr><td>臂节数量</td><td>6</td></tr>
<tr><td>臂节长度（mm）</td><td>10410/9120/8690/9680/5600/4500</td></tr>
<tr><td>展臂角度（°）</td><td>90/180/180/240/195/90</td></tr>
</table>

第三章　原 理 与 组 成

混凝土泵车在结构上可大致分为底盘及动力系统、布料系统、泵送单元、液压系统及电控系统五个部分，如图 3-1 所示。

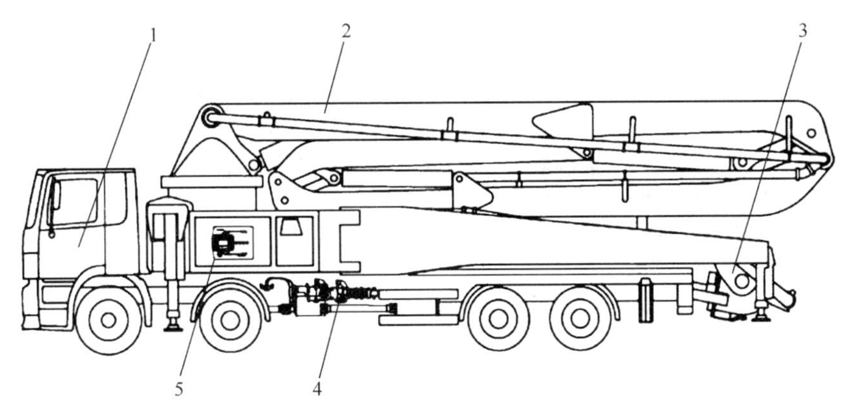

图 3-1　泵车的总体结构

1—底盘及动力系统；2—布料系统；3—泵送单元；4—液压系统；5—电控系统

一、底盘及动力系统

混凝土泵车一般在专用底盘或载重二类底盘的基础上设计改装而成。泵车的所有工作装置都安装在底盘上，它既要满足各个工作装置的运动传递、空间配置，又要能够承受所有装置带来的负载，并保证泵车工作的稳定性。

泵车的取力装置一般采用图 3-2 的分动箱取力形式，泵车的所有动力来源于底盘发动机，发动机通过变速箱、分动箱将动力传递给泵车上装油泵和底盘后桥驱动。分动箱通过传动轴和

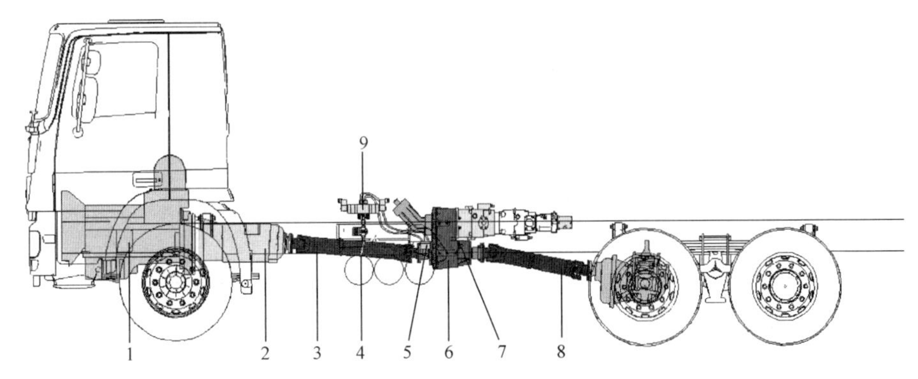

图 3-2　分动箱取力系统

1—发动机；2—变速箱；3—前传动轴；4—底盘气源接入点；

5—切换气缸；6—取力箱；7—行程传感器；8—后传动轴；9—切换气阀

万向节分别与变速箱和后桥相连，油泵集成安装在分动箱上，通过齿轮传递动力。

混凝土泵车的取力也可采取底盘取力口直接取力的形式，将底盘动力直接输出给泵组，如图 3-3 所示。此类底盘可无需改装，实现行驶和取力同时进行。此种取力形式的优点是不会破坏底盘结构的整体性，缺点是油泵布置占用了上装较多的空间。

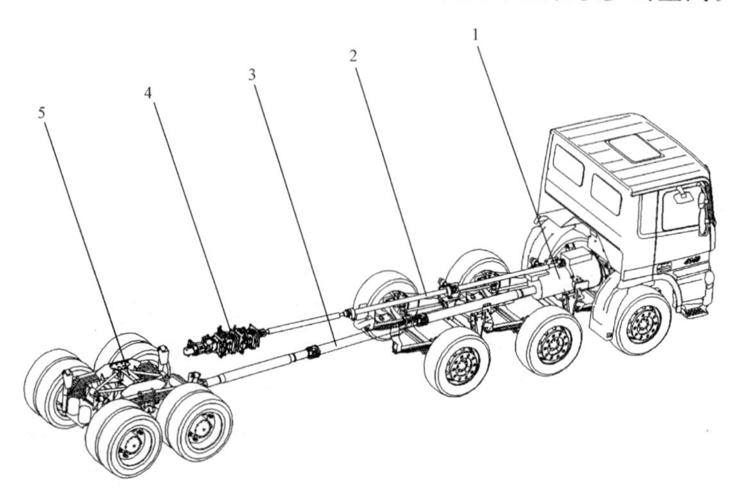

图 3-3 底盘直接取力系统

1—发动机及变速箱；2—动力输出轴；3—传动轴；4—泵组；5—后桥

此外，某些混凝土泵车的上装不从底盘获取动力，而是通过独立的柴油机这类副发动机来驱动油泵工作。

二、布料系统

泵车的布料系统主要由布料臂、转台、回转机构和底架支腿组成。

1. 布料臂

布料臂，也可称布料杆，用于混凝土的输送和布料。通过臂架油缸的伸缩，将混凝土经由附着在臂架上的输送管，直接送达浇筑点。布料臂由多节臂架、连杆、油缸、连接件铰接而成的可折叠和展开的平面四连杆机构组成，如图 3-4 所示。根据各臂架间转动方向

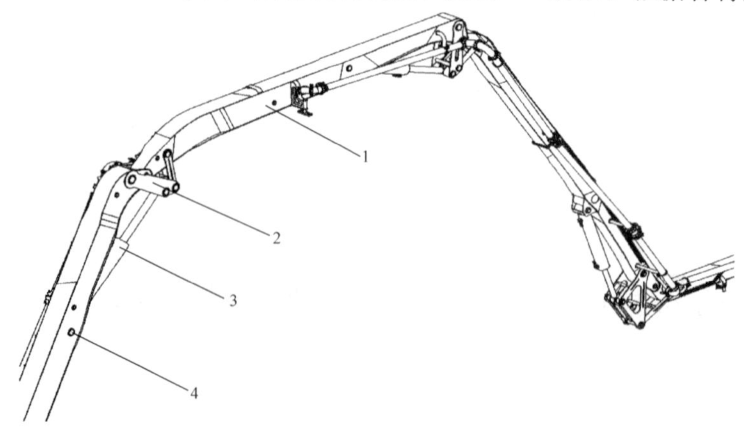

图 3-4 布料臂示意图

1—臂架；2—连杆；3—油缸；4—连接件

和顺序的不同，臂架有多种折叠方式，如：R 型、Z 型、RZ 型等。各种折叠方式都有其独到之处，R 型结构紧凑；Z 型臂架在打开和折叠时动作迅速；RZ 型则兼有两者的优点而逐渐被广泛采用。

2. 转台

转台由高强度钢板焊接而成的结构件，如图 3-5 所示。作为臂架的基座，上部通过销轴轴套与臂架连接，下部使用高强度螺栓与回转支承连接，承受臂架载荷并带动臂架在水平面内转动。

3. 回转机构

回转机构由回转减速机（包括回转马达）、回转支承、小齿轮等组成的，如图 3-6 所示。

图 3-5　转台示意图

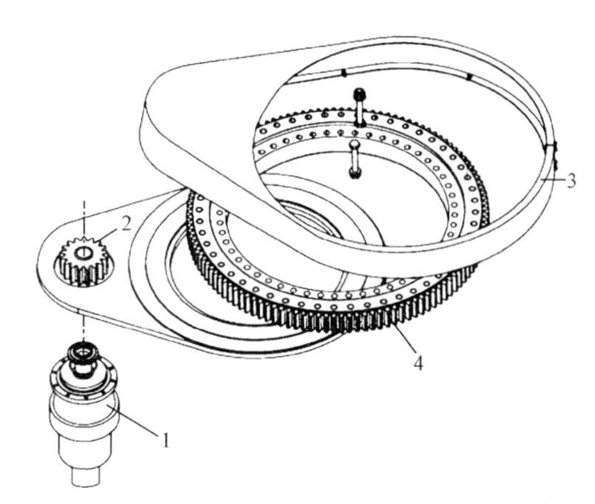

图 3-6　回转机构示意图

1—回转马达；2—传动齿轮；3—保护罩；4—回转支承

4. 底架支腿

底架支腿由底架、支腿及其驱动油缸组成。底架为由高强钢板焊接而成的箱形受力结构件，是臂架、转台和回转机构的固定底座。泵车行驶时承受上部重力，泵送时承受整车重力和臂架的倾翻力矩，同时还可作为液压油箱和水箱。因此既要有足够的强度，又要具有良好的密封性。作为液压油箱对其清洁性有要求，因此油箱内部必须处理才可保证清洁。

支腿是将整车稳定地支承在地面上，直接承受整车的负载力矩和重量。一般泵车支腿支承结构由四条支腿、多个油缸或马达组成，如图 3-7 所示。

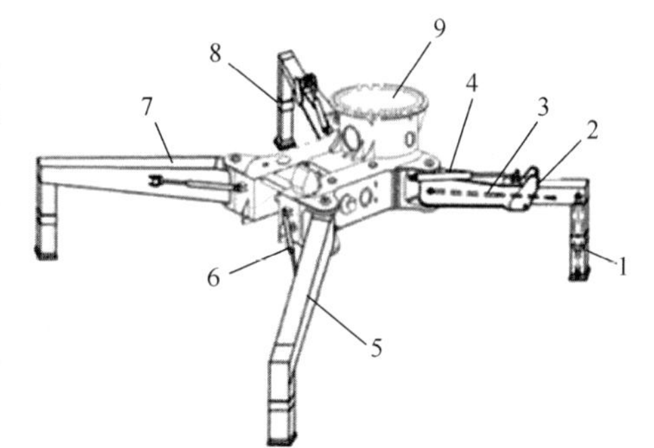

图 3-7　底架支腿示意图

1—垂直支撑油缸；2—一级支腿；3—伸缩油缸；4—展开油缸；5—右后支腿；6—展开油缸；7—左后支腿；8—垂直支腿；9—底架

三、泵送单元

泵送单元是泵送机构的核心部件，它把液

压能转换为机械能，通过两个主油缸的推拉交替动作，使混凝土克服管道阻力输送到浇筑部位。由主油缸、混凝土缸、水箱、混凝土活塞和拉杆等几部分组成，如图 3-8 所示。

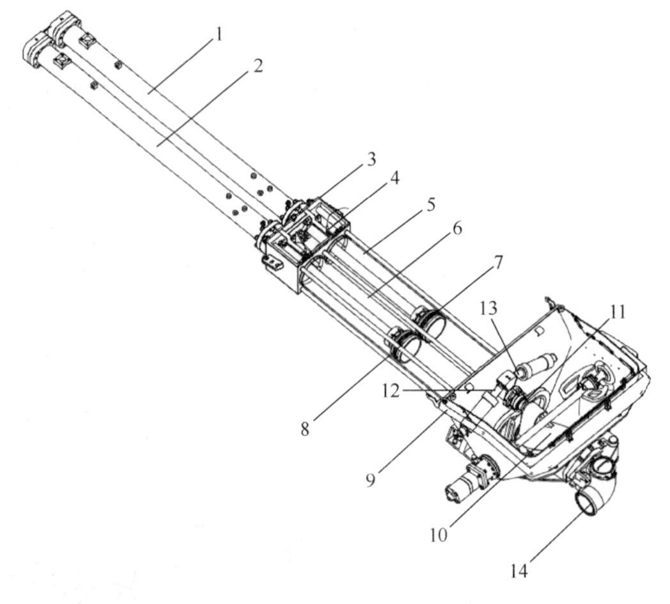

图 3-8　泵送单元结构示意图

1、2—主油缸；3—水箱；4—换向装置；5、6—混凝土缸；7、8—混凝土活塞；9—料斗；10—S 管；11—摆动轴；12、13—摆动油缸；14—出料口

四、液压系统

液压系统是混凝土泵送机械的核心部分。根据混凝土泵车的基本功能可以将泵车液压系统分为泵送液压系统、分配液压系统、臂架支腿液压系统等。

根据液压系统的工作方式不同，泵送液压系统有开式系统和闭式系统两种类型。泵送、分配液压系统为混凝土泵车的液压系统的主工作系统，其余为辅助系统。泵送、分配液压系统如图 3-9 所示，主要由动力元件：主油泵和恒压泵；控制元件：泵送阀组和分配

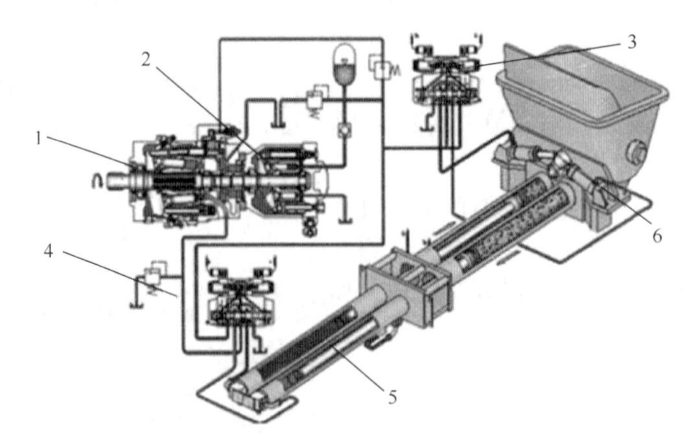

图 3-9　泵送、分配液压系统示意图

1—主油泵；2—恒压泵；3—分配阀组；4—泵送阀组；5—泵送油缸；6—摆动油缸

阀组；执行元件：泵送油缸和摆动油缸组成。其中主油泵为泵送油缸的来回往复运动提供压力油，恒压泵为摆动油缸的来回摆动提供压力油，泵送阀组和分配阀组分别控制泵送油缸的运动方向和摆动油缸的运动方向，并协调控制泵送油缸和摆动油缸的配合动作，保证混凝土泵送顺利进行。

臂架支腿液压系统通常采用负载敏感系统，以满足泵车臂架的精细操控需求。根据液压泵排量是否可调，臂架支腿液压系统可分为定量系统和变量系统两种，对应的液压泵分别采用定量泵和变量泵。多路阀通常采用多联、先导式电比例换向阀，操作方式兼有手动及遥控两种形式。每节臂架展收动作由对应的油缸伸缩来实现，而每根油缸即臂架的运动方向及速度由比例多路阀来控制；一节臂架油缸对应一联多路阀。支腿的伸展动作通常通过油缸、液压马达等来驱动实现。因在动力切断即液压泵不供油后各执行机构及油缸仍要能够保持姿态，通常会采用液压锁或平衡阀来实现负载保持；因此油缸上通常会安装液压锁或平衡阀。

五、电控系统

整车电控系统是混凝土泵车的控制中心，其运行状态将直接影响整车的工作性能，同时电控系统的设计也是实现整车智能化的主要手段。

电控系统主要由取力控制部分、电源部分、传感信号采集部分、操控部分、控制中心部分、指令执行部分组成。各部件功能介绍见表 3-1。

电控系统主要部件功能说明　　表 3-1

电控系统部件	简　图	简要说明
取力控制部分		完成泵车行程与作业状态的动力切换，该操作一般位于驾驶室，完成底盘动力的切换
电源部分		电控系统的总电源由底盘供电系统提供，按照控制电路的实际需要设计多条支路分散供电
传感信号采集部分		对反映整车运行状态的部分关键参数通过传感器进行采集，主要有压力传感器、温度传感器以及用于判断位置信息的接近开关等

续表

电控系统部件	简　　图	简要说明
操控部分	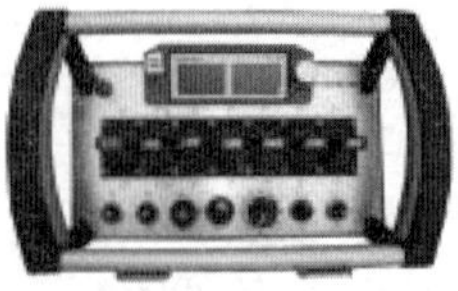 	泵车操控一般有遥控操控（远端操作）及面控操作（近端操作）两种形式
控制中心部分		电控系统的数据处理、逻辑运算及控制指令发出部件。一般由工业控制器（或PLC）、人机交互系统及部分辅助电路构成。目前利用GPS终端实现对设备的远程控制也逐渐得到普遍应用
指令执行部分	 	实现对液压系统（一般通过对电磁阀的控制来实现）及其他执行机构的动作控制

第四章　混凝土制备与运输

第一节　混 凝 土 制 备

一、混凝土骨料的尺寸

骨料尺寸好的混凝土基本是可泵送的。理想的可泵送混凝土都有一个好的骨料尺寸比例，是由多种尺寸骨料混合而成，以便细小的骨料可以填充到大尺寸骨料的间隙之间。以下是可泵送混凝土骨料尺寸表和各种尺寸骨料的比例。通常混凝土成分有可能在可泵送的范围内变化，但有时也会由于特殊原因超出这个范围。很明显，砂和细料在骨料中占大部分。推荐含砂率见表 4-1，推荐粗骨料的颗粒级配见表 4-2，粗骨料级配标准见表 4-3。

推荐含砂率　　**表 4-1**

粗骨料最大粒径（mm）	混凝土含砂率（%）			
	掺加气剂混凝土		无加气剂混凝土	
	卵石	碎石	卵石	碎石
15	48	53	52	54
20	45	50	49	54
30	42	45	45	49
40	40	42	42	45

注：含砂率最小应大于 40%，否则泵送十分困难。

推荐粗骨料的颗粒级配　　**表 4-2**

输送管最小直径（mm）	粗骨料最大粒径（mm）	
	卵石	碎石
125	40	30
150	50	40

粗骨料级配标准（各种骨料粒径范围骨料通过各标准筛的重量百分比）（%）　　**表 4-3**

粒径范围（mm）	筛孔的名义尺寸（mm）								
	50	40	30	25	20	15	10	5	2.5
40～5	100	100～90			70～35				
30～5		100	100～95		75～40				
25～5			100	100～90	90～60				
20～5				100～90	100～90				

二、输料管和泵的磨损

输料管和泵的磨损的增加与以下因素有关：

1. 骨料的几何形状

用带尖角的骨料挤压其他骨料会打断由细料和水泥组成的润滑膜。如果润滑膜被打断，则混凝土在管中运动就如砂纸摩擦一样。单个混凝土骨料之间的摩擦力显著增大，一些碎块如同楔块般地堵塞输送管的可能性也增大。

2. 硬度

硬度对混凝土的可泵送性没有影响，但对磨损有影响。一条经验规则认为：如果骨料中最大的尺寸小于输送管直径的1/3，则该混凝土可泵送。如果混凝土中最大尺寸的骨料比例低于10%，则骨料的最大尺寸可以有少量的加大。

3. 稠度

混凝土的稠度对混凝土的可泵性来说非常重要，它决定了未凝固混凝土的使用性和变形能力。用坍落度来测量混凝土的稠度（见图4-1），它主要取决于：

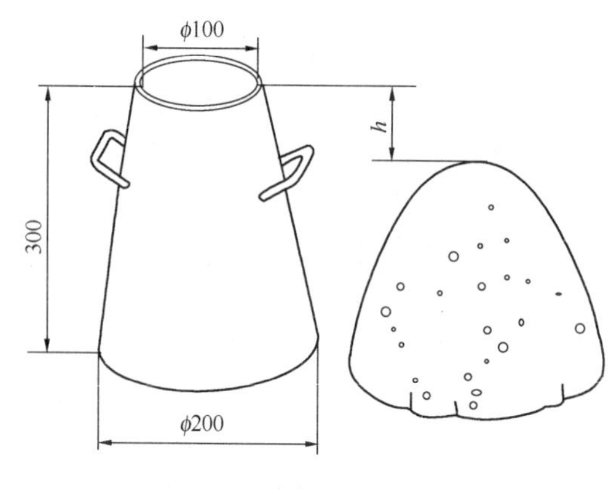

图4-1

1）混凝土中水泥的量；

2）骨料成分；

3）细料的比例；

4）加入的水的量。

干性混凝土泵送困难，会产生吸料困难，生产率降低，泵送不连续以及磨损明显等问题。为了提高可泵送能力，减小甚至消除问题，通常推荐使用添加剂以增大混凝土的流动性。

流动性混凝土（坍落度大于15cm）的吸料性能很好，但容易产生离析，导致泵和输送管的堵塞。使用提高塑性的添加剂和增加混凝土中0.2mm的细料、砂、水泥的比例可以改善混凝土的性质。

4. 混凝土的均匀一致性

一个高级称量机构，可以保证加入的单个材料的重量精度；高质量的搅拌机械对得到均匀不堵管的混凝土同样重要。

5. 添加剂

市场上有各种形式的添加剂用来提高混凝土的流动性、可塑性和透气性，适量使用可以提高混凝土的可泵送性能。我们建议您按厂家提供的说明书来使用添加剂。

第二节 运　　输

一、混凝土运输要求

混凝土的运输过程中必须遵循以下要求：

（1）应保持混凝土的均匀性，避免产生分层离析现象，混凝土运至浇筑地点，应符合浇筑时所规定的坍落度要求。

（2）混凝土应以最少的中转次数、最短的时间，从搅拌地点运至浇筑地点，保证混凝土从搅拌机卸出后到浇筑完毕的延续时间应符合相关标准的规定。

（3）运输工作应保证混凝土的浇筑工作连续进行。

（4）运送混凝土的容器应严密，其内壁应平整光洁，不吸水，不漏浆，粘附的混凝土残渣应经常清除，并应防止曝晒、雨淋和冻结。

二、混凝土运输方式

混凝土运输方式分为地面运输、垂直运输和楼面运输三种情况。

（1）地面运输。如运距较远时，可采用自卸汽车或混凝土搅拌运输车，机动翻斗车，近距离亦可采用双轮手推车。

（2）垂直运输。混凝土的垂直运输目前多用塔式起重机、井架，也可采用混凝土泵。塔式起重机运输的优点是地面运输、垂直运输和楼面运输都可以采用。混凝土在地面由水平运输工具或搅拌机直接卸入吊斗吊起运至浇筑部位进行浇筑。

三、混凝土运输工具

1. 混凝土搅拌运输车

混凝土搅拌运输车是在载重汽车或专用汽车的底盘上装置一个梨形反转出料的搅拌机，它兼有运载混凝土和搅拌混凝土的双重功能。它可在运送混凝土的同时，对其缓慢地搅拌，以防止混凝土产生离析或初凝，从而保证混凝土的质量。亦可在开车前装入一定配合比的干混合料，在到达浇筑地点前 15～20 min 加水搅拌，到达后即可。该车适用于混凝土远距运输，是商品混凝土必备的运输机械。

2. 混凝土泵运输

混凝土泵运输又称泵送混凝土，是利用混凝土泵的压力将混凝土通过管道输送到浇筑地点，一次完成水平运输和垂直运输。混凝土泵运输具有输送能力大（最大水平输送距离可达 800m，最大垂直输送高度可达 300m）、效率高、连续作业、节省人力等优点。

泵送混凝土设备有输送管、混凝土泵和布料装置。

四、混凝土运输的注意事项

混凝土运输过程中需要着重注意的事项主要有以下几方面：

（1）尽可能使运输线路短直、道路平坦，车辆行驶平稳，减少运输时的振荡；避免运输时间和距离过长、转运次数过多。

（2）混凝土容器应平整光洁、不吸水、不漏浆，装料前用水湿润，炎热气候或风雨天气宜加盖，防止水分蒸发或进水，冬季考虑保温措施。

（3）运至浇筑地点的混凝土发现有离析和初凝现象须二次搅拌均匀后方可入模，已凝结的混凝土应报废，不得用于工程中。

（4）泵送混凝土施工时，除事先拟订施工方案，选择泵送设备，做好施工准备工作外，在施工中应遵守如下规定：混凝土的供应必须保证混凝土泵能连续工作；输送管线的布置应尽量直，转弯宜少且缓，管与管接头严密；泵送前应先用适量的与混凝土内成分相同的水泥浆或水泥砂浆润滑输送管内壁；预计泵送间歇时间超过 45min 或混凝土出现离析现象时，应立即用压力水或其他方法冲管内残留的混凝土；泵送混凝土时，泵的受料斗内应经常有足够的混凝土，防止吸入空气形成阻塞。

第五章　操 作 与 使 用

第一节　行驶状态的操作

泵车行驶状态是指布料臂收回折叠并在布料臂托架上安放到位；全部支腿收回并锁定；料斗及车体清洗干净；分动箱已转换到行驶状态；整车可以正常行驶或正在行驶的状态。

泵车动力依靠底盘发动机提供。须通过操作“作业/行驶转换面板”，将发动机动力通过分动箱分配给底盘行驶机构或泵车上装部分——取力切换气阀在中间起到十分重要的作用。

同时，也要通过操作该面板，将蓄电池电能供给上装电气系统。

一、行驶→作业操作

泵车从行驶状态进入作业状态，操作步骤如下：

（1）检查臂架在位指示灯，指示灯亮时，才可进行以下操作；

（2）踩离合器，挂空挡；

（3）将驾驶室内面板上的“行驶/作业”转换开关转换到作业侧，作业指示灯亮，再按该面板上的电源开关，“电源”灯亮，进入作业状态；

（4）挂到工作档位，“确认”指示灯亮，上装得电，里程表停止计数，松开离合器；

（5）完成上述步骤，在确认泵车整机满足作业要求后，即可依序进行泵车支腿、泵车臂架的伸展操作。

二、注意事项

（1）请严格按规范操作“行驶/作业转换”功能，以免不正确的操作带来重大损害！

（2）操作过程中，请注意整机状态、听分动箱的声音，预防意外事故发生。分动箱故障是严重的动力故障，可能造成分动箱损坏，应立即采取应对措施。

（3）布料臂在臂架支撑上应放置到位，如图 5-1 所示，驾驶室内“在位”指示灯亮。

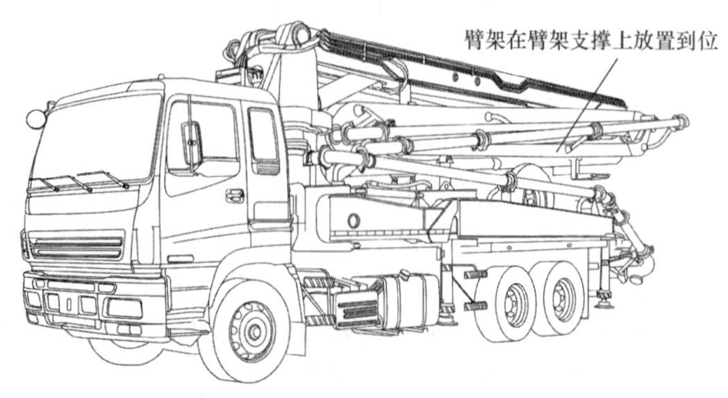

图 5-1　臂架到位

（4）支腿应收放到位，支腿定位锁应锁定。

（5）电控柜、遥控器及各操纵台上的按钮及手柄应放在非工作位置。

（6）料斗及车体应清洗干净。

（7）档位变速杆应放在空挡位置。

（8）柴油发动机转速调至怠速状态。

（9）分动箱应转换至行驶状态，“作业”或“工作”指示灯应熄灭。

（10）检查上述各项无误后，泵车方可进入行驶状态，底盘的操作根据对应的底盘所配备资料进行。

第二节　支腿的操作

本节操作说明仅用于非单侧支撑混凝土泵车；只有特殊定购具有单侧支撑功能的泵车才允许支腿单侧支撑使用。

以中联泵车为例，臂架展开前，必须将泵车支腿完全展开，支腿展开步骤如下：

（1）将电控柜上“遥控/OFF/面控”钥匙开关拨到遥控位置，如图 5-2 所示。

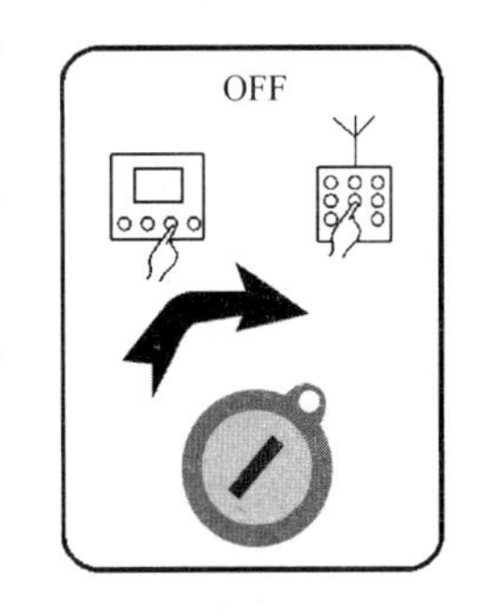

图 5-2　电控柜上开关示意

（2）确认支撑地面是否水平、坚实；确认支腿工作区没人后，方能操作支腿。

（3）打开所有支腿的机械锁，如图 5-3 所示。

（4）按住绿色按钮开关，操作相应手柄打开对应支腿。

（5）将支腿伸展到最大位置处。

（6）根据地面条件，垫好合适垫块，打开两前支腿伸出垂直油缸，至前轮胎离地，再打开两后支腿伸出垂直油缸，至后轮胎离地（离地间隙约 50mm）。

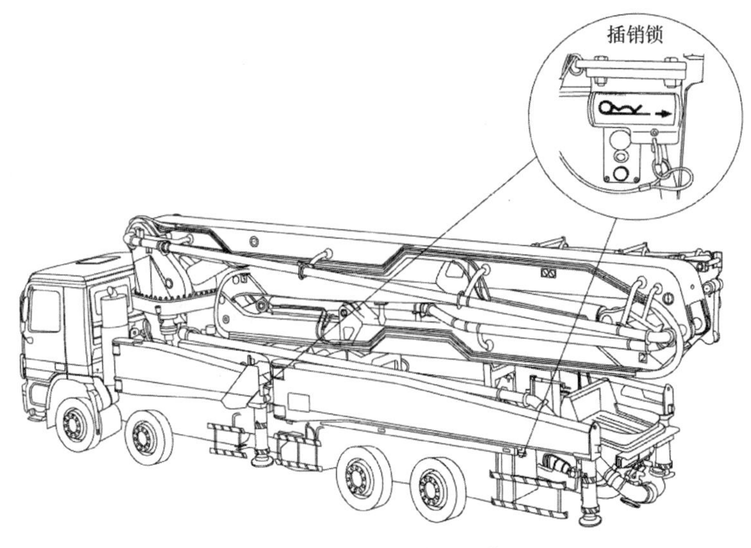

图 5-3　支腿机械锁示意

（7）调节前后支腿顶升高度，将整机调整为水平（最大允许倾角为3°）。

（8）确认各支腿控制手柄已回到中间位置。

收支腿步骤与支腿展开正好相反。

第三节　作业状态的操作

泵车作业状态是指泵车在平整、坚实的工作场地停放就位；分动箱已转换至“作业”位置；按规定打好支腿；整机调平；泵车轮胎离地（50mm）；清洗系统水箱加满水；可以操纵布料臂进行工作或正在进行工作的状态。

一、安全检查

1. 泵车在开始作业前，机手应进行下列检查：

（1）分动箱应转至作业状态，“作业”指示灯亮；如有取力控制开关钥匙应取下收好；

（2）档位变速杆应挂在直接工作档位置；

（3）驾驶室内发动机转速、机油压力、水温等仪表的指示应正常；

（4）支腿应按规定伸展到位；

（5）整机应调平，轮胎应离地；

（6）支腿控制及泵送控制的开关或手柄均在非工作位置。

2. 布料臂展开时应进行如下检查：

（1）确认支腿在地面上支撑时已全部伸展到位，轮胎离地；

（2）各臂架关节部位注满润滑油；

（3）各输送管壁厚满足使用要求；

（4）工作条件满足如前所述。

3. 混凝土泵送时，应进行下列检查：

（1）泵送开始和停止时，应与末端软管作业人员联系；

（2）润滑泵是否工作正常，各润滑点是否已充满润滑油；

（3）各压力表以及吸油、回油的真空表是否指示正常；

（4）发动机转速是否达到设定值（当环境温度低于零度时，发动机应怠速运转15～20min，同时点动泵送油缸，使液压系统预热，防止油泵突然冷启动，造成吸油能力不足，损坏油泵）。

二、布料臂的操作

布料臂的操作可以由电控柜来完成，也可以由遥控器来完成。

（1）通过电控按钮和支腿多路阀，将支腿全部展开（禁止半伸状态）。确认整机完全水平固定好（两边水平仪中的气泡应在中间）。

（2）将电控柜操作面板上的“手动/遥控”开关转到遥控位置；注：遥控器的控制按钮的功能见随车所配的使用说明书。

（3）臂架液压油缸及管道等元件中，如果有空气，在动作臂架时就可能出现快速下落的危险，导致设备及人员损伤，故必须进行排气操作。操作为：从第一臂，到最后一节臂，依次小幅度来回动作臂架排气，再渐次增大臂节伸展幅度排气，以彻底排除油缸内的残余空气。

（4）按照遥控器上面各操作手柄图示，操作展开臂架。不同型号泵车，根据根据各臂架折叠方式不同，其展臂动作略有差异，应严格按照操作说明书要求展臂。

三、混凝土泵送的操作

混凝土泵送的操作控制可通过电控柜面板控制和无线（有线）控制。电控柜面板上有“面控/停机/遥控”钥匙选择开关。

1. 泵送前的检查

（1）检查液压油是否充分、正常，且润滑油箱应加满润滑油脂；

（2）泵送水箱加满清水或乳化剂，同时注意有无砂浆流入水箱，以判定混凝土活塞密封是否良好；

（3）检查眼睛板、切割环间隙是否正常（间隙不得超过 2mm）；

（4）检查泵送操作的各开关手柄都应处于中位（非工作位）；急停开关旋起松开，关闭卸荷开关；

（5）启动泵送，尚未泵料时，应检查各功能动作及压力仪表指示是否正常。

2. 泵送作业操作

（1）操作机手应与端部软管作业人员联系沟通；

（2）开始泵送混凝土料前，先泵送少量水及砂浆，润滑管道；

（3）在控制面板上将搅拌机构的控制开关设为自动搅拌，将料斗中注入充分混凝土料后，启动遥控器或电控柜面板上的“泵送”按钮，开始自动泵送作业；

（4）泵送流量大小可以根据工作的需要来调节；

（5）如泵送时需动作臂架，应采用慢档位操作臂架；

（6）带高低压切换功能的泵车动作臂架时，严禁高压泵送；

（7）如泵送过程中停顿约 10～15min，应间歇地多次正泵和反泵，使混凝土料前后移动，保持良好流动性；

（8）如泵送中长时间停顿时，应将管道内混凝土料吸回到料斗，充分搅拌后再泵送，一旦堵管，不要坚持泵送，应立即进行多次反泵操作；

（9）布料结束时，按下泵送停止按钮，泵送动作停止；

（10）停机后，可自动释放蓄能器及液压管道内压力；但为了安全，请分别将搅拌开关和清洗开关置于停止位置（适用于搅拌清洗系统是电磁换向阀的泵车）。

3. 泵送管路及泵车清洗

（1）泵送结束后，反泵点动排出混凝土缸内混凝土料，打开料斗门，放出料斗内余料，用水冲洗料斗；

（2）卸下料斗出料口弯管，用水清洗干净，然后装上弯管；

（3）料斗内注水，弯管内装入海绵球，采用自动泵送来清洗；

（4）或者将海绵球从末端胶管塞入，用反泵操作，将海绵球吸入弯管处进行清洗；

（5）采用高压水泵对整车进行清洗等。

四、收回到行驶状态

（1）作业完成并清洗后，如果环境温度低于零度，则必须放掉水箱和系统中的剩水。

（2）将布料臂按上述展开时相反的方法收拢折叠起来，放到臂架支撑上。

（3）将支腿收拢锁定。

（4）将分动箱从“作业”状态转换到“行驶”状态。

第六章　维 护 与 保 养

第一节　安　全　事　项

设备检修之前和检修过程中有一些注意事项，注意这些，可以减少维护时间，提高工作效率，降低维修过程中对设备带来二次污染或者损失。

1. 彻底清洗

设备进行维护之前，要进行彻底清洗，尽量保证各部件清洁干净，以免在拆卸或安装的过程中设备表面上的污物污染设备上的零件，导致某些零件的损坏。

2. 检查机器

设备进行维护之前，操作人员要对设备进行充分的了解，并制定详细的分解和组装程序，避免对零部件进行不正确的分解和组装，造成操作人员自身伤害或者机器某些零部件的损坏。

3. 准备工具

在维护之前必须将所有用到或可能用到的工具准备好，以备不时之需，包括分解工具和清洁工具。

4. 维护场地

在维护之前将车辆停放在坚实的地面上，保证车辆停稳。

5. 分解注意事项

（1）需要使用专用工具拆卸的，一定使用专用工具；

（2）如果拆下的是液压元件，必须准备好存放液压油的洁净容器；

（3）液压元器件，如：管路、泵、阀等油口要及时封堵，以免被污染；

（4）拆下的零件按顺摆放，并做好标记；

（5）仔细检查每件拆卸下来的零件，是否有损伤、严重磨损等，尤其是配合面更要仔细检查，测量并做好记录；

（6）拆解液压零件前，首先将零件内部的油液排到指定的容器中，清洗干净后放到稳固的工作台上进行拆解。

6. 组装注意事项

（1）零件在装配前必须清理和清洗干净，不得有毛刺、飞边、氧化皮、锈蚀、砂粒、灰尘和油污等；

（2）清洗即将装配的零件，尤其是接触面或运动面务必保持清洁；

（3）装配过程中零件不得磕碰、划伤，务必轻拿轻放；

（4）O形圈、密封圈等密封件一经拆卸，应立即更换，安装前可涂一层润滑油（脂）；

（5）凡要求紧固件涂螺纹紧固胶的，事先都必须用清洗剂将内外螺纹的油污清洗干净，并自然晾干或用压缩空气吹干。

7. 维护保养作业中的安全注意事项

(1) 维护作业时，设备应停机、卸压、断电，未经维护人员许可，严禁启动操作设备；

(2) 进行吊重作业时，确保起吊设备与吊具有足够的起重能力；

(3) 维护操作人员应佩戴安全帽，防止有重物从高处落下，穿防滑靴，防止从高处跌落；

(4) 当设备顶端需要维护时，操作者应使用防滑梯或者专用高空作业平台。

第二节 泵 送 机 构

由于频繁的泵送作业，泵送单元的运动部件磨损比较快，而正确的维护保养，将提高工效，并延长易损件的使用寿命。因此，要求操作者在每次施工作业前后务必进行以下项目的日常检查：

(1) 每班次将润滑油箱及各润滑点加满润滑脂，确保工作时润滑到位；

(2) 泵送混凝土前，要往水箱加满清水，当环境温度低于 0℃时，施工结束后必须放掉水箱内的水；

(3) 每班次检查各电器元件功能是否正常；

(4) 每班次检查泵送换向是否正常，分配阀摆动是否正确、到位，搅拌装置正反转是否动作正常；

(5) 泵机泵送 2000m^3 左右混凝土后应注意检查眼镜板与切割环间的间隙，若超过 2mm，且磨损均匀，则应考虑调整间隙，如过渡磨损，则需要更换；

(6) 每班次检查分配阀及轴承位置磨损情况，检查搅拌装置、搅拌叶片、搅拌轴承磨损情况，如果过度磨损，则需要更换；

(7) 每班次检查混凝土活塞，活塞应密封良好，无砂浆渗入水箱，如发现水箱里有过多的混凝土浆，应查看混凝土活塞磨损情况，必要时更换；

(8) 检查混凝土缸内表面是否有拉伤、磨损、掉铬等情况；

(9) 定期检查连接螺栓、螺母等是否松动，若松动，需拧紧，对于新泵车在工作 100h 后，必须进行检查，以后每 500h 进行一次。

泵送机构各部件常见故障及维修方法见表 6-1～表 6-3。

泵送机构故障及维修方法 **表 6-1**

故障现象	故障原因	维修方法
水箱漏水	混凝土缸与水箱连接拉杆处漏焊	密封胶粘合
混凝土缸磨损拉伤	润滑不到位，活塞磨损导致活塞运动面上附有尖锐物体或混凝土等	更换混凝土缸
混凝土缸镀铬层脱落	混凝土缸本身质量问题	更换混凝土缸
活塞使用寿命短	混凝土缸磨损拉伤	更换混凝土缸
	活塞存在偏磨现象	重装泵送单元
	润滑不到位	调整泵送油缸缓冲、在水箱内加入适量润滑油

续表

故障现象	故障原因	维修方法
活塞使用寿命短	活塞材料和尺寸问题等	更换有质量保证的活塞
	混凝土添加剂因素	调整混凝土配方
主油缸漏油	主油缸密封损坏	更换损坏零部件；更换主油缸或密封包
	主油缸活塞杆镀铬层脱落、拉伤	
	主油缸 U 形管开裂漏油	
	主油缸进油管漏油	
	油缸端盖螺栓断裂	
	主油缸焊缝缺陷	
	主油缸缸体裂纹	
	主油缸导向套漏油	
主油缸行程越打越短	对主油缸憋缸，关闭 U 形管上球阀后压力应达到 32MPa，如达不到此压力说明主油缸内泄	更换主油缸或密封包
主油缸与水箱连接螺栓易松动断裂	主油缸上连接孔未钻通，由于加工误差导致螺栓偏长	将螺栓 8.8 级更换为 12.9 级高强螺栓，安装时涂螺纹紧固胶，加装平垫，消除安装误差；用扭力扳手按技术要求的扭矩数值紧定安装螺栓

S 管分配阀总成故障及维修方法　　**表 6-2**

故障现象	故障原因	维修方法
S 管不耐磨	1. 混凝土料况差； 2. S 管耐磨层厚度不达标； 3. S 管制造质量导致耐磨层开裂或剥落，使用寿命达不到要求或产生快速失效损坏	更换耐磨性能优良，流道优化，有品质保证的 S 管
切割环崩裂、异常磨损	1. 切割环本身质量问题； 2. 混凝土料况差； 3. 眼镜板磨损较严重，切割环装配不到位； 4. S 管摆不到位	更换切割环，重新调整切割环与眼镜板装配间隙，消除 S 管摆不到位的故障
摆动油缸漏油	密封损坏	更换密封包或摆缸
摆动油缸内泄	摆缸拉伤	更换摆缸

搅拌机构故障及维修方法　　**表 6-3**

故障现象	故障原因	维修方法
搅拌轴变形，断裂	1. 搅拌轴强度不够； 2. 搅拌轴两端安装孔同轴度超差	1. 更换强度符合使用要求的搅拌轴； 2. 更换料斗或其他引起同轴度偏差的零部件

续表

故障现象	故障原因	维修方法
搅拌马达漏油，进砂浆	1. 密封损坏； 2. 搅拌马达质量问题	更换密封或搅拌马达及相关配件
搅拌发卡，马达异响，停转	马达损坏	更换马达
搅拌叶片损坏	质量问题	更换叶片

第三节　回　转　机　构

每工作 50h，对回转大齿圈轴承注油润滑一次。润滑油脂型号应使用设备生产商推荐型号。

定期检查、加注减速机润滑油。工作 100h（约 5000m³）后应进行第一次彻底换油，之后每工作 1000h（20000m³）换油一次。夏季因温度较高，齿轮油持续高温，挥发较快，应考虑换油或补油（约 200h），减速机油口分布如图 6-1 所示。润滑油脂型号应使用设备生产商推荐型号。

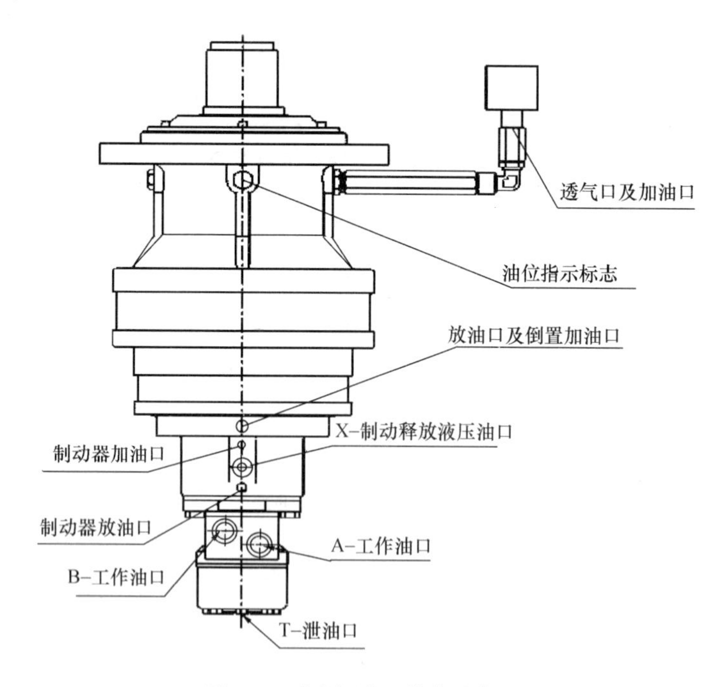

图 6-1　减速机油口分布示意图

1. 回转减速机内润滑齿轮油更换步骤

（1）拧开减速机的放油口螺堵和油位口螺堵，把用过的旧油放掉；

（2）因为泵车减速机是倒置安装的，可以从透气口加油也可以用油壶从倒置加油口加注新油（约 4L）；

（3）加注新油直到油位于油位指示标志中间位置以上为止；

（4）拧紧倒置加油口螺堵。

2. 回转减速机刹车结构润滑齿轮油更换步骤

（1）加油时，先拧开减速机的刹车结构加油位口螺堵和油位口螺堵；

（2）把用过的旧油放掉；

（3）从加油口加注新油直到油位口有油溢出为止；

（4）拧紧加油位口螺堵，然后拧紧油位口螺堵。

回转支承的润滑，如图 6-2 所示。正常情况下是每工作 100 个小时，应进行一次注油。若工作环境潮湿、灰尘多、空气中含有较多粉尘颗粒或温差变化大，以及连续回转，则需增加润滑次数，当机器停止很长一段时间不工作，也需进行更深层次润滑。

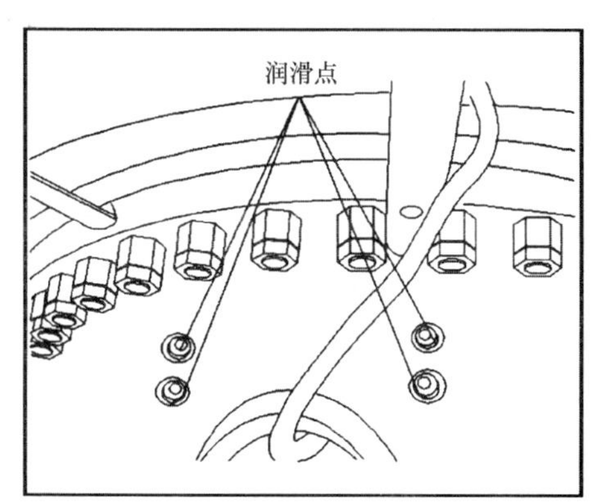

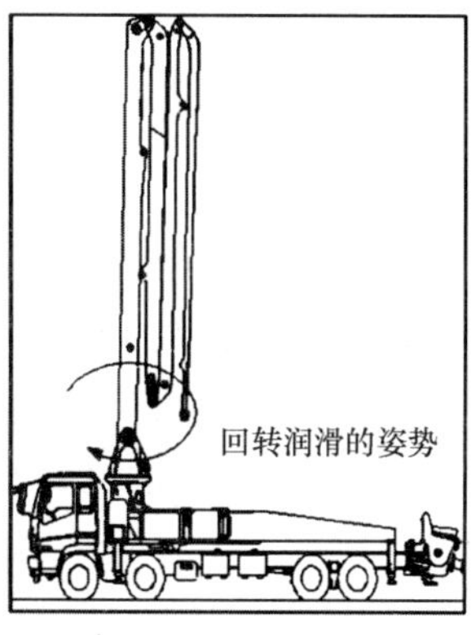

图 6-2　回转支承的润滑示意图

润滑步骤如下：

（1）首先将整机固定好；

（2）臂架全部收拢后垂直立起；

（3）充分回转臂架，同时将润滑油注入位于回转台支柱上的 4 个润滑点。

回转机构故障及维修方法见表 6-4。

回转机构故障及维修方法　　　　**表 6-4**

故障现象	故障原因	维修方法
回转机构异响	回转机构润滑不好	加注润滑脂，正常情况下是每工作 100h，应进行一次注油
	回转支承与小齿轮或惰轮间隙不均，导致啮合异常产生异响	先用塞尺检查侧隙，找出偏差位置；将臂架竖直，用行车和吊带进行安全保护；松开螺栓进行侧隙调整，调整至满足要求
	底架安装平面加工精度达不到要求	更换底架
回转晃动大	回转电流设置过大	恢复出厂设置电流值或现场重新标定
	回转支承与惰轮、惰轮与小齿轮齿侧间隙过大，回转急停时因臂架惯性不能得到及时抑制而导致其晃动过大	检查齿轮是否磨损，如磨损更换齿轮
	回转控制油路有异常，导致回转时臂架晃动大	检查液压油路，清洗回转多路阀片

第四节　分　动　箱

分动箱日常维护主要包括：

（1）分动箱严禁无油运行，不允许在运转情况下换挡。

（2）取力齿轮箱只能在离合器断开，发动机至变速箱输出端的动力传递被切断和汽车变速箱处于空挡的状态下才能进行换挡。

（3）分动箱工作过程中出现任何异常都应切断动力进行检查！

（4）分动箱工作过程中表面温度可灼伤皮肤，切勿触摸！

（5）按规定加入规定品牌润滑齿轮油，以不超出与传动轴法兰等高的溢流螺塞为准。不能混合使用不同牌号和类型的润滑油，推荐油品为美孚 SHC220。

（6）工作 200h 后第一次换油，以后每 2000h 换油一次。夏季应注意换油或补油。

（7）检查齿轮油的温度，对于矿物油，油温不得超过 95℃；对于化学合成油，油温不得超出 120℃。保持分动箱壳体表面的清洁。

（8）检查气压。工作气压不得超出各生产厂家的推荐值。

（9）每隔 1000h 向轴承加注黄油一次，加注 1/3 轴承空间。

分动箱常见故障及维修方法见表 6-5。

分动箱故障及维修方法　　**表 6-5**

故障现象	故障原因	维修方法
分动箱无法切换	未按正确换挡程序换挡	不同底盘有不同的换挡程序，请严格按照程序执行
	取力箱内部拨叉复位故障	拨动转换开关一两次使之复位
	电气系统问题	检查传感器是否正常，换挡电磁阀电流是否正常，损坏则更换
	气路失压或气压不足	检查气压表压力是否为正常值 7.5～8bar。如偏低，调节压力调节阀，检查并确保气路不漏气或阻塞
分动箱抖动噪声大	传动轴平衡误差，径向跳动大	更换传动轴，看是否能解决
	齿轮损坏	检查或更换齿轮
	轴承损坏	检查或更换轴承
	连接盘花键损坏	检查或更换连接盘花键
	减震垫损坏	检查或更换减震垫损
分动箱温度升高，密封经常损坏	气缸筒表面拉伤； 润滑油润滑不到位	更换气缸筒 确保活塞行程正常，润滑油路不阻塞
	温度高导致密封变形而漏气	更换密封

第五节　润　滑　系　统

润滑是为了使混凝土泵车的料斗、搅拌等有较好的润滑，为了使回转减速机、PTO

齿轮箱、臂架关节等运动副运转灵活，从而使摩擦减小、延长寿命。除采用液动双柱塞润滑泵（或电动集中润滑泵）自动润滑各点外，其余非自动润滑点采用手工黄油嘴润滑。

因润滑油脂的损耗，所以每次开机工作时，都必须检查各润滑点是否润滑充分。如不足，则需及时添加；如需换油，应放尽系统中残余的润滑油脂。全部采用新的润滑油脂可保持最佳的润滑。

润滑的频率取决于工作条件。若工作环境潮湿、灰尘多、空气中含有较多粉尘颗粒或温差变化大，以及连续回转，则需增加润滑次数。当机器停止很长一段时间不工作，也须进行更深层次润滑，即对所有的部件都作一次充分的润滑。

要确保润滑油脂的清洁。在加注润滑油脂之前，要清洗干净润滑枪的喷嘴，避免混入杂质损坏接头及衬套。必须使用原润滑枪品牌的滤芯才能确保质量。

润滑系统故障及维修方法见表 6-6。

润滑系统故障及维修方法　　**表 6-6**

故障现象	故障原因	维修方法
润滑泵不动作或动作缓慢	气源压力不足	调整气源压力为 6bar
	调节螺钉（针阀）堵住气源入口	调整（适当旋松）调节螺钉
	PLC 参数设置不当或电磁阀根本就没有接通（可能进气口接错）	合理设置 PLC 参数并让电磁阀接通（阀进气口与消声器口交换）
	润滑脂不清洁造成柱塞被卡住	使用高品质润滑脂及清洗柱塞
	气缸活塞 O 形圈失效或导向套脱落	更换 O 形圈或导向套
	进气换向阀上有毛刺卡涩	去除毛刺并重新装配
泵不出润滑脂或出脂量不足	油箱或泵中空气未排尽	排净空气
	泵体与柱塞间的 O 形圈失效	更换 O 形圈
	润滑脂不清洁造成出口处单向阀失效	清洗单向阀
系统中有气泡产生或泄漏现象	润滑油箱内润滑脂量不足	加润滑脂
	润滑油箱或泵中混有气泡	排净空气为止
	系统中连接处未旋紧	重新旋紧
	系统中连接处漏上卡套或卡套失效	安装或更换卡套

第六节　清　洗　系　统

泵车配置的高压清洗水泵，在汽车发动机为怠速时，水泵转速低，此时水泵压力小；随着发动机转速的提高，水泵压力将升高。如需要进行高压清洗，务必将发动机油门开关调至最大设定值。

必须使用清洁水，水中杂质在水管内尤其与水箱连接处容易堵塞，且影响水泵的使用寿命。必须定期清洗过滤器、水箱等以清除污垢。

使用常温清水，进水水温不得超过 40℃，禁止在 0℃或更低的环境下使用。另外在气温很低的天气里，每天工作结束后，要放尽水路系统中的水，以防水的冻结造成水泵或者其他部件爆裂。

定期检查水泵、马达等是否存在漏水、漏油现象，否则应更换相应密封。

定期检查曲轴箱内机油是否充足（油标一半的位置），严禁在没有机油的情况下开机运转。

水泵在使用50h后，必须更换机油；以后每隔500h更换机油一次。放油方法：将水泵倾斜，放尽泵内机油，随后注入柴油，清洗泵内腔，直到放出的柴油清洁为止，然后重新注入机油。

要经常检查各连接部分不得有松动。

泵若在水池吸水，泵的吸水管必须装有进水滤网，否则会影响水泵使用寿命。

清洗系统故障及维修方法见表6-7。

清洗系统故障及维修方法 **表6-7**

故障现象	原因	维修方法
水泵不出水	新泵未排气	开机，向进水管灌水，排尽空气
	水箱蓄水少	水箱加水
	水管内过量的残渣导致堵塞	清洗管道、系统
	进水过滤器堵塞	清洗或更换过滤器
	进出水阀有杂物或损坏	清除杂物或更换进出水阀
	水泵内部柱塞断裂	更换水泵
	水泵不转	检修水泵马达及其驱动液压系统
	吸水管接头松脱或卡箍未旋紧	旋紧吸水管接头或卡箍旋紧
压力调不上	溢流阀的阀芯头及其阀座有异物	清除异物或更换阀座
	进出水阀损坏造成泵内泄漏	更换进出水阀
压力不稳定	泵内V形密封圈损坏	更换密封圈
曲轴箱发热	曲轴箱内进水	更换油封、更换机油
	曲轴箱内铝屑太多	清洗曲轴箱
	机油太少引起连杆咬轴	加机油至油标1/2处
振动异常	泵内进气	检查吸水管及其密封圈，并调整
漏水漏油	水封或油封损坏	更换水封或油封

第七节　上装结构件

由于泵车工况复杂，泵送作业中整机的交变受力以及较为剧烈的震动，可能会导致其结构件的连接松动或者焊缝开裂等，所以对于泵车结构的检查尤为重要。主要检查项目有：

（1）每班次检查连接件和支撑件间的稳固性，工作是否正常。

（2）每班次检查各零部件相互运动间隙是否需调整，零件磨损是否导致失效。

（3）每班次检查各结构件的焊缝有无开裂。

（4）定期检查连接螺栓、紧定螺钉、螺母、销轴等是否松动。若有松动现象，可用扭力扳手根据要求的扭矩拧紧。对于新泵车在工作100h后，必须进行检查，以后每500h进行一次。需要强调的是，因结构件修复拆掉的高强螺栓以及因疲劳等损坏的连接螺栓，不能重复使用，再装配时应采用新的同等级连接螺栓。

（5）结构件的裂缝修复。臂架、支腿及底架等结构件，由于作业时的变负荷承载，在经历一段时间后，将可能因局部应力的集中、氧化锈蚀以及局部结构件的疲劳，发生开裂现象。用户在泵车每工作300h后，必须对臂架等结构件做焊缝探伤检查。泵车结构件开裂是可修复的。用户应及时发现，尽早做好处理。臂架和支腿等承力件均采用高强钢，不能随意补焊或者打孔，改变或降低它的强度。如有裂纹发生，请及时联系泵车制造商的专业服务人员进行修复。

上装结构件故障及维修方法见表6-8。

上装结构件故障及维修方法　　　　**表6-8**

故障现象	原因	维修方法
臂架不能动作	1. 臂架/支腿转换开关故障 2. 遥控接收盒内F3/F4保险烧坏 3. 多路阀电磁铁故障	1. 维修或者更换转换开关 2. 更换保险丝 3. 更换电磁铁
在个别位置，臂架不能打开或者不能移动	1. 液压系统压力不够 2. 臂架上有其他异常多余的负载 3. 电磁阀阻塞或者电磁阀烧坏	1. 检查并调整臂架多路阀中的安全阀最大压力，如正常或调整无效，则表明是液压泵损坏，应更换液压泵 2. 使多余的负载不再作用于臂架 3. 检查控制单节臂架的控制阀片是否正常工作。如果不正常，应是阀芯阻塞或者电磁阀烧坏，更换损坏的相关部件
臂架伸展或者起升时颤动过大	1. 各连接处销轴与固定端之间的间隙异常 2. 止推轴承固定部分与旋转部分之间的间隙异常 3. 止推轴承的螺栓松开	1. 更换损坏部件，并保证运动副润滑频率 2. 更换止推轴承，按规定紧固 3. 拧紧或更换螺栓
臂架自动下沉	1. 臂架油缸中进入空气，臂架在不同位置负载不同，当负载增加时，因空气压缩导致臂架油缸伸缩，臂架下沉 2. 臂架油缸内泄 3. 平衡阀内泄	1. 臂架油缸反复憋压，以排除空气 2. 检查活塞处密封圈是否损坏，若损坏，则更换密封圈；检查油缸缸筒是否划伤，缸壁是否胀大等现象，如有，及时更换油缸 3. 如果平衡阀有零件损坏，则维修或更换零件；如损坏严重则更换整个平衡阀
臂架油缸不同步（大臂两个支撑油缸）	1. 平衡阀开启压力不同。开启压力小的平衡阀先开启，对应的油缸先动作，产生不同步动作 2. 油缸本身的摩擦力不同，摩擦力相差较大，引起油缸较严重的不同步 3. 两油缸负载偏载，载荷小的油缸先动作 4. 进回油压力损失不同，污物卡住或堵塞都会造成进回油压力损失不同，从而引起油缸不同步动作	排除机械故障后，在液压方面做调整，可采取调节平衡阀压力，把先动作油缸回油腔的平衡阀压力适当调高

续表

故障现象	原因	维修方法
旋转以后臂架停下来太慢	1. 阀块因为赃物而发生阻塞 2. 整机固定不水平	1. 清洗或者更换阀块 2. 升降支腿，使泵车保持水平
大臂只能升不能降	1. 大臂限位器故障 2. 继电器故障 3. 遥控器故障	1. 维修或者更换大臂限位器 2. 更换继电器 3. 维修或者更换遥控器
臂架在负载下不能锁定	1. 锁定阀块未调节好，阀块脏或者损坏 2. 液压油缸缸内渗漏	1. 调节或清洗、更换阀块 2. 更换密封件，检查油管是否损坏
回转不能动作	1. 回转限位器故障 2. 遥控器故障 3. 多路阀电磁铁或者回转锁止阀电磁铁故障	1. 维修或者更换限位器 2. 维修或者更换遥控器 3. 更换电磁铁
销轴不能得到润滑	1. 润滑油嘴阻塞或损坏 2. 润滑管道因赃物而发生阻塞	1. 更换润滑油嘴 2. 取出销轴，检查管道阻塞原因及磨损和间隙情况
支腿无动作	1. 臂架/支腿转换开关故障 2. 控制柜 KA24 继电器故障 3. 一臂下降限位开关故障 4. 多路阀电磁铁故障	1. 维修或更换转换开关 2. 维修或更换继电器 3. 维修或更换限位开关 4. 更换电磁铁

第七章　安　全　要　求

第一节　操 作 人 员 要 求

为确保正常、安全作业，操作人员在能够遵守第一章岗位认知的从业要求和职业道德常识的前提下，需要具备从业的基本条件并经过学习与培训，掌握相关的专业技能，合格后方能上岗。

一、基本条件

1. 年满18岁，身体健康，智力健全，具有操作布料机的体格；
2. 良好的视力、听力和反应能力；
3. 具有判断距离、高度和间隙的能力；
4. 有责任心，能胜任该工作；
5. 不能服用可能改变身体或精神状况的物品，如抑制反应的药品、酒精、毒品等；
6. 对于安装在机动车底盘上的设备操作者，如果要驾驶车辆，应具有相应类别的交通驾驶执照等从业准入资格；
7. 操作人员必须经岗位培训取得培训合格证书，具备岗位知识能力，用人方审核录用和现场授权后，方可上岗作业；
8. 作业现场驻地有从业准入规定的，应遵守并优先落实从业准入要件。

二、具备专业技能

1. 了解泵车基本知识；
2. 仔细阅读泵车使用说明书（或使用操作手册）；
3. 有现场安装、调试及操作技能；
4. 了解设备检查、维护保养常识；
5. 知晓混凝土泵送及浇筑流程、方法以及相关安全规程；
6. 有应急处理知识；
7. 理解施工现场常见标志与标识；
8. 完全了解信号员的职责并理解信号。

三、具备安全防护常识

1. 操作人员须正确穿戴好防护装、安全帽、安全鞋、眼罩、耳塞、安全手套等安全防护装备，并定期清洗和保养个人防护装备，严禁使用破损、受污染、失效的防护装备。
2. 操作人员必须熟知设备操作安全规程，并按照安全规程作业。
3. 电气系统的安装、维修和调试只能由泵车厂家服务机构授权人员进行。

4. 液压系统、电气系统等有关参数在设备出厂前已由厂方调定好，未经设备商允许不得擅自调整。

5. 岗前接受安全培训考核，作业前接受安全交底、技术交底，熟悉施工作业方案。

6. 学习掌握应急预案，熟悉现场各类标志表示，熟悉疏散或逃生通道。

第二节 施工工况要求

1. 整机施工地点海拔高度应不超过 2000m，超过 2000m 应视为特殊情况处理，另外整机性能将会下降。

2. 工作的环境温度为 0～40℃，但在 24h 内的平均温度不超过 35℃，非工作期间最低温度不超过－40℃。设备工作期间当环境温度超过 40°C 或低于 0°C 时，应与生产厂家联系，商定特殊保养事宜。

3. 整机作业允许的最高风速为 13.8m/s（6 级），当风速超过该值时应停止作业，并将布料臂收回成行驶状态。为正确估计风力，详见表 7-1。

风力判定表　　表 7-1

风力		风速		风的效果
等级	种类	m/s	km/h	
0	无风	0～0.2	0～0.7	烟垂直上升
1	和风	0.4～1.4	1～5	风标不动，烟可吹动
2	微风	1.6～3	6～11	脸部有风感，树叶飘动
3	轻风	3.4～5.3	12～19	树叶、树枝轻轻摇动
4	小风	5.5～7.8	20～28	树枝摇晃
5	大风	8～10.6	29～38	小树开始摇晃
6	较强风	10.8～13.7	39～49	风发出啸叫，打伞困难
7	强风	13.9～17	50～61	所有的树都在摇晃，逆风行走困难
8	强力风	17.2～20.6	62～74	树枝断裂，行走十分艰难
9	暴风	20.8～24.5	75～88	房屋轻度损坏，瓦片掀翻
10	强暴风	24.7～28.3	89～102	树连根拔起，建筑物损坏

4. 整机工作时应放置水平，布料作业过程中，整机的倾斜度不得大于 3°，地面应平整坚实，作业地面承压能力不能小于支腿最大支撑力，整机工作过程中地面不得下陷。产品的支腿上面都标明了该支腿的最大支反力（见支腿标识），如图 7-1、表 7-2 所示。

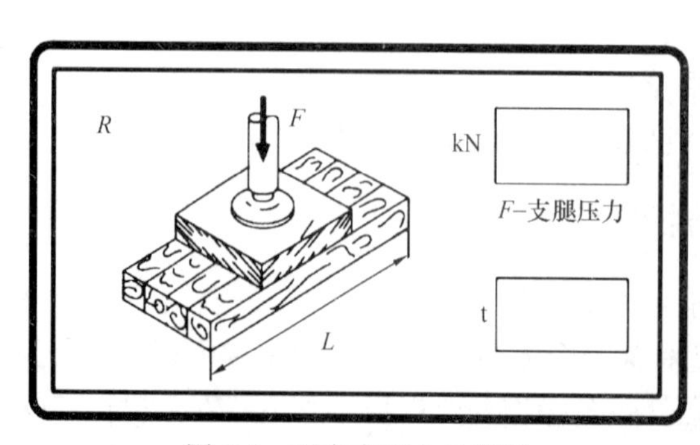

图 7-1　泵车支反力示意图

枕木长度与支腿支承力以及地面承受能力的对应关系表　　　　**表 7-2**

支脚的支承力(kN) 枕木长度 L（cm）默认宽度 60cm 地面类型及承受能力	75	100	125	150	175	200	225	250	275	300	325	350
普通地面（100kN/m³）	125	167	209	250							不适于支撑的地面	
最小厚度为 20cm 的沥青（200kN/m³）		84	105	125	146	167						
碎石路面（250kN/m³）			84	100	117	134	150	167				
黏土或泥土面（300kN/m³）				84	98	112	125	139	153	167		
不同粒径的压实土壤（350kN/m³）					84	96	108	119	131	143	155	167
压实碎石面（400kN/m³）						84	94	105	115	125	136	146
压实碎石面（500kN/m³）							75	84	92	100	109	117
压实碎石面（750kN/m³）	使用钢块 60cm×60cm，不需要使用枕木										73	78
粉碎性岩石（1000kN/m³）												

5. 严禁在斜坡上，有高压电、易燃、易爆品及有重物落下的其他任何危险场所作业，如图 7-2 所示。

6. 夜间施工现场须有足够的照明，禁止在光线较弱或黑暗的环境中作业。

7. 泵送施工过程中，布料臂架的回转应在限定的区域，支腿必须伸展到位，如图 7-3 所示。

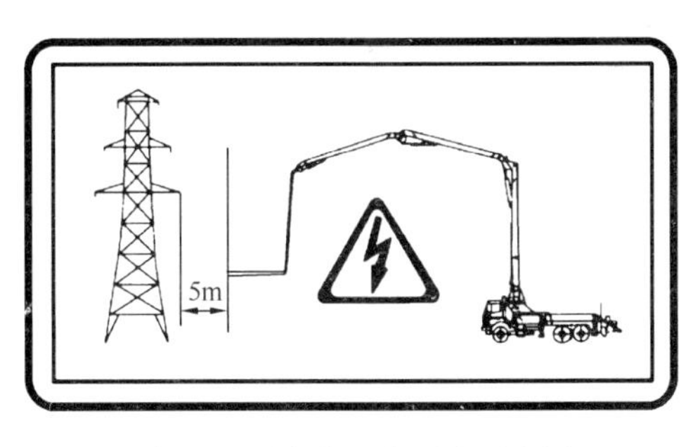

图 7-2　泵车高压电距离示意图

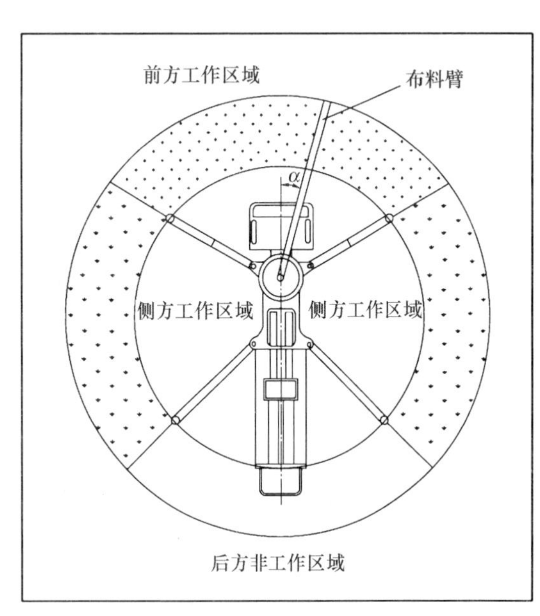

图 7-3　泵车工作区域示意图

8. 泵车附近须配备可正常使用、足够数量的灭火器，设备操作人员会熟练使用灭火器且知道灭火器放置的位置。

9. 泵车各元件，包括所有液压元件、电气元件、各机械零部件及所有易损件、消耗品等。必须在满足各元件相关的工作条件下，严格遵照元件制造商及供应商对产品的使用要求，在确保各元件功能的有效性前提下，进行操作、使用。确保各元件自身状态以及其工作条件均满足有效使用要求，是泵车整机安全、可靠作业的基本前提和保障。

10. 混凝土必须符合《混凝土泵送施工技术规程》JGJ/T 10—2011 的要求。

第三节　安全操作要求

1. 设备的安全常识

（1）严禁使用布料臂起吊重物。

（2）工作过程中，布料臂下禁止站人。

（3）在设备周围设置工作区域，非工作人员未经许可不得入内。

（4）严禁末端胶管向后越过回转中心作业，严禁加接末端软管。

（5）禁止手扶末端软管，如需操作末端软管时，须使用末端软管牵引绳。

（6）布料臂端部禁止加接管路和其他装置。

（7）严禁在软管弯曲半径过小的工况下作业，以免堵塞管路造成危害。

（8）加注燃油时，必须关停发动机，禁止吸烟。

（9）更换活塞时，须使用活塞更换工具安全带。

（10）车辆上配置灭火器和三角警示架。

（11）所有安全和预防事故装置如：指示及警告标志、栅栏、金属挡板等必须完好无损并正常使用，不得更改或取消。

（12）泵车所有受力部件的改动、焊接、维修只能由泵车厂家授权的人员完成。

（13）未经允许，严禁改装车辆，以避免对设备造成不可预期的影响。

（14）在低温环境下，每天工作结束后，要放尽水路系统中的水，以防水的冻结造成水泵或者其他部件爆裂。

（15）电源接通时严禁电焊等作业，当要在泵车上及附近进行电焊时，请务必要断开蓄电池上的接线！对设备施焊时，必须拆下电源接线头。

（16）维修、保养设备时，必须有专人守护设备，防止未经安全确认（设备复原完好确认、维修保养人员人身安全确认）而启动设备造成重大人身安全事故。

（17）分动箱只能在离合器断开，发动机至变速箱输出端的动力传递被切断和汽车变速箱处于空挡的状态下才能进行换挡。

（18）泵车配备灭火器，请定期检查。

2. 泵送施工前

（1）每次作业前，须鸣响警笛。

（2）未将料斗栅格关好前不能工作。

（3）利用液压油箱底部球阀放水。

（4）检查冷却器外表是否有污物，如有，须及时清理。

（5）泵车未按说明书规定打好支腿时，禁止操纵布料臂。

（6）在操作前应将功能性液体（如水、油和燃料等）加满。

（7）泵车在作业前应进行常规检查，确定各电液开关及手柄在非工作位置，确认所有的安全控制设置是安全的、有效的和可控的。

（8）每次作业前检查输送管路、管卡及软管，确保连接安全可靠。并检查输送管的磨损情况，当管壁厚度低于规定值时，及时更换。

3. 泵送施工时

（1）布料臂控制操纵应缓慢进行，禁止急拉急停。

（2）禁止将软管末端插入混凝土内。

（3）禁止将手伸入料斗、水箱内或其他运动的零部件内。

（4）严禁触摸泵送油缸、散热器、油泵等高温部件。

（5）禁止打开有压力的输送管。

（6）启动泵送时，人员不得进入末端软管可能摇摆触及的区域，禁止接触末端胶管，且末端胶管须保持松弛。

（7）禁止踩、坐或跨坐在输送管上。

（8）尾灯罩只允许在工地上使用，不许道路运行中使用。

（9）底盘操作应遵守车辆操作规程和安全操作要求。

4. 泵送施工结束后

（1）须打开卸荷开关，释放蓄能器压力。

（2）分动箱须按操作规范转至行驶状态，行驶指示灯亮。

（3）务必遵守施工场地所在地的各项安全标准以及所在区域的各项规章制度。

（4）在泵车移动前，检查所有运动部件（例如支腿、臂架等）都已回收到位。

第四节　保　养　要　求

1. 整车的保养要求

（1）必须使用原厂配件。

（2）必须按时对液压系统、减速机、分动箱、水泵进行保养。

（3）发生碰撞、拉挂、变形、开裂、卷边等较小事故时需及时与厂家售后服务部进行联系，由厂家派人进行全面检查，观察和判断设备是否存在有隐性损伤。

（4）检查眼镜板、切割环、搅拌轴及活塞的磨损情况，分配阀摆动及搅拌正、反转是否正常。

（5）每班次检查混凝土活塞应密封良好，无砂浆渗入水箱。如发现水箱里有过多的混凝土浆，应查看是否需更换混凝土活塞，必要时更换。

（6）每班次检查混凝土缸的磨损情况，镀铬层磨损严重应予更换。

2. 底盘部分检查

（1）后视镜的视野检查。

（2）所有导向灯的工作检查。

（3）油、气泄露检查（如有泄露，拧紧接头）。

（4）检查发动机机油油位、油压、水位及冷却液位。

（5）轮胎磨损及压力检查，胎压禁止超过底盘要求的最大压力值。

（6）刹车系统的气压检查。

（7）检查底盘车桥、刹车系统是否有油污，若有，应及时清洗干净，以避免意外引燃造成损失。

（8）底盘保养应确保到底盘厂家服务站或由厂家工作人员上门操作，严禁私自处理。

3. 臂架等结构件检查

（1）每班次检查连接件和支撑件间的稳固性，工作是否正常。

（2）每班次检查各结构件的焊缝有无开裂。

（3）定期检查连接螺栓、紧定螺母、销轴等是否松动。

（4）每班次检查各零部件相互运动间隙是否需调整，零件磨损是否导致失效。

4. 液压系统的检查

（1）布料臂各安全阀不能随意拆卸，如有故障应收臂停机检查。检查液压油箱油位是否正常，如油量较少请及时加油。

（2）按产品说明书中指定的品牌、型号及加注方法使用油料、润滑油、润滑脂和冷却液。所使用的各种油料、润滑油、润滑脂和冷却液应符合相关标准。

（3）检查液压系统是否有漏油、渗油现象和风险，重点检查底盘发动机、变速箱、排气管（含消声器）、车桥及刹车系统等高温部位附近的液压系统，如有，请及时修理或更换。

（4）每班次检查真空表指示，应在绿色区域内。

（5）每班次检查蓄能器气压是否达到生产厂家要求，如果不够，则是蓄能器皮囊气压不够或皮囊破损。

5. 电气系统的检查

（1）检查所有电气系统元件的动作是否正确可靠。

（2）检查电线的连接处是否牢固，有无氧化。保证电线完全绝缘，以免造成元件的损坏。

（3）检查电气系统接地是否良好。

（4）每月检查维护蓄电池一次，包括清洁桩头，检查电解液比重或电压。

（5）蓄电池的接线和导线必须防护，正极搭铁接地可造成严重短路事故。

（6）检查电气元件功能是否正常。电路接头处是否干燥，有无氧化及是否松动。

（7）预期较长时间不使用设备时，应断开蓄电池电源接线，避免蓄电池亏电。

（8）严禁用水冲洗电控柜和电器系统。

第八章　设 备 安 全 标 识

第一节　泵车安全及工作条件标识

泵车设备自身常见的安全及工作条件标识，见表8-1。

泵车设备自身常见的安全及工作条件标识　　表8-1

名称	图形符号	名称	图形符号
臂架下严禁站人		严禁加接末端软管	
严禁使用布料臂起吊重物		泵送混凝土时，严禁在软管弯曲半径过小的工况下进行泵送，以免堵塞管路造成危险事故	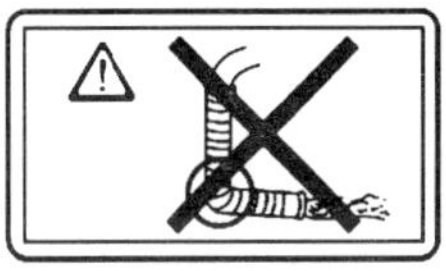
在未将料斗栅格关好前不能工作		未固定末端软管而造成的伤害	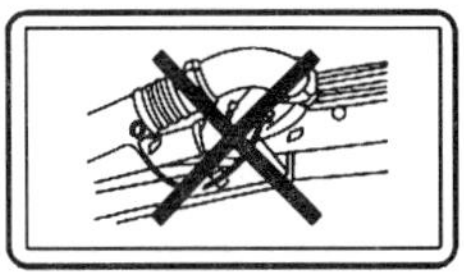
严禁末端胶管向后越过回转中心线工作		工作人员严禁在臂架下方作业	 行车下面 严禁站人

续表

名称	图形符号	名称	图形符号
高压电线危险标识	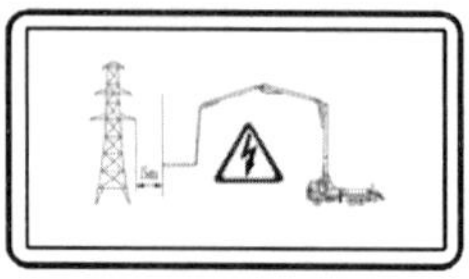	每次泵送混凝土结束后或异常情况造成停机时，都必须将S管、混凝土缸和料斗清洗干净，严禁S管、混凝土缸和料斗内残存混凝土料	
泵送停止后应切断动力，释放蓄能器压力，锁好电控柜，以免他人误操作	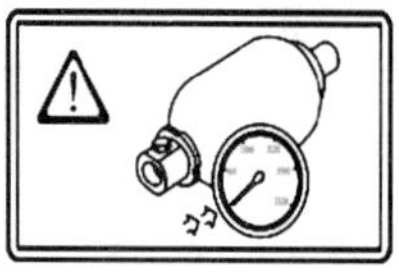	严禁作业时探入料斗	
在泵车周围设置必需的工作区域，非操作人员未经许可不得入内	 危 险 DANGER 未经许可 不得入内 AUTHORIZED PERSONNEL ONLY	禁止触摸运动或发热部件	
严禁将胶管末端插入混凝土浇筑点内		泵送系统工作时严禁接近出料口	
为避免吸入空气，料斗中的混凝土料位必须高于搅拌轴		泵送系统工作时严禁打开卸料门	
吸油过滤器真空表读数严禁大于0.01MPa，否则可能损坏油泵	 ≤0.01MPa	小心压脚标识	

续表

名称	图形符号	名称	图形符号
工作人员严禁在臂架下方作业		支腿动作区严禁有人标识	
泵车工作时最大倾斜度		电源接通时严禁电焊等作业	警告：电源接通时严禁电焊。气割和焊接时，请拆除电瓶线。
禁止布料软管插入布料点		臂架软管的最大长度限制	L_{max}=3m
泵送系统工作时严禁打开水箱盖		运动部件严禁触摸	
泵送作业时严禁打开管卡		高压电线危险标识	5m
管道未释放压力时严禁打开		加水口标识	加水口
末端软管禁止加接，锁好安全链		佩戴安全帽	

续表

名称	图形符号	名称	图形符号
回转遥控标识		液压油加注口标识	液压油加注口
放水提示标识	为了保证设备正常工作，请在开机前打开球阀排放油箱底部的积水并注意不要让液压油流出。（注：排水间隔为3～10d，视季节而定）。 开 球阀所在位置	允许起吊点标识	起吊 臂架
小心飞溅物体伤眼标识		取力箱齿轮标识	
支腿压力标识	R F L kN F–支脚压力 t	液压油位指示标识	行驶状态最高油位 行驶状态最低油位 作业状态最低油位

第二节　泵车动作按钮类标识

泵车设备自身常见的动作按钮标识，见表 8-2。

泵车设备自身常见的安全及工作条件标识　　表 8-2

名称	图形符号	名称	图形符号
面板控制/停机/遥控控制钥匙转换开关	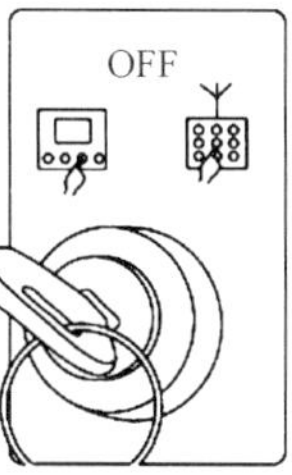 OFF	发动机停止按钮	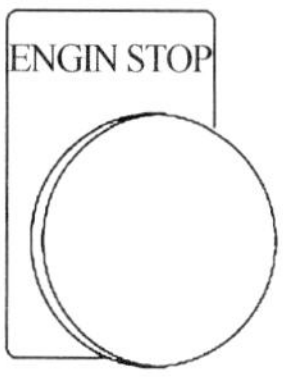 ENGIN STOP
警报指示灯	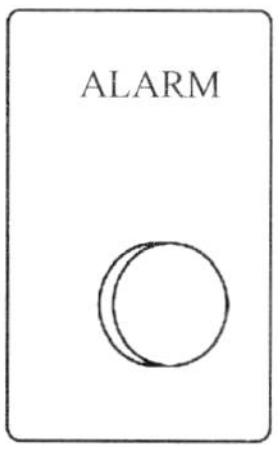 ALARM	油泵排量调节	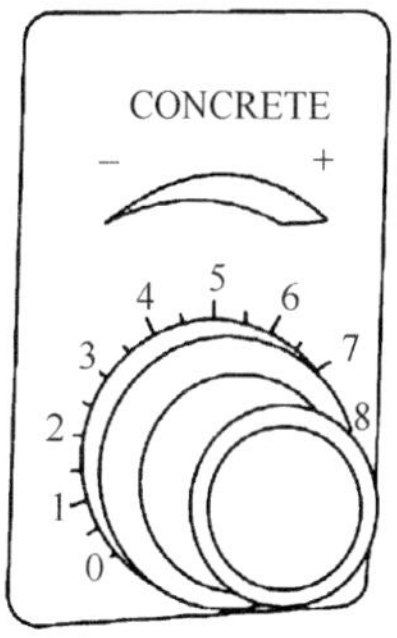 CONCRETE – + 0 1 2 3 4 5 6 7 8
“减速/增速”开关	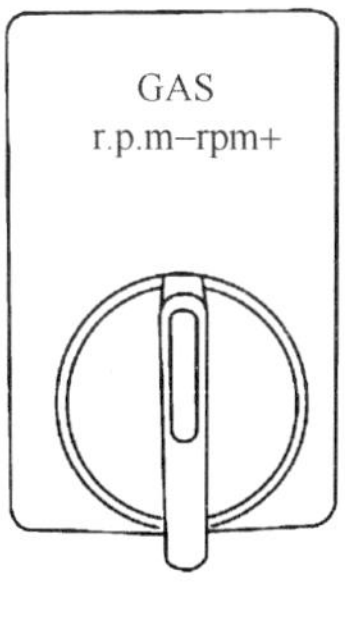 GAS r.p.m–rpm+	润滑油泵开关	 AUTO ON
冷却风扇开关	 MANUAL STOP AUTO	正泵/泵送停止/反泵转换	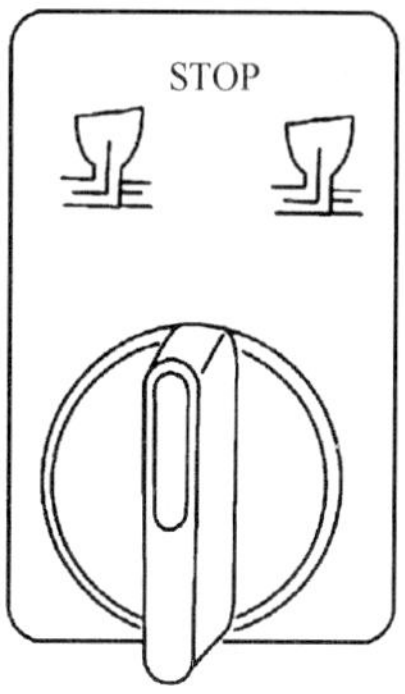 STOP

续表

名称	图形符号	名称	图形符号
主缸点动	 左缸 右缸	分配阀点动	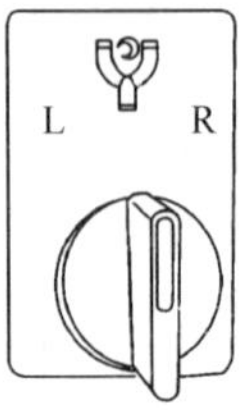 L R
每节臂伸展和收缩运动标识	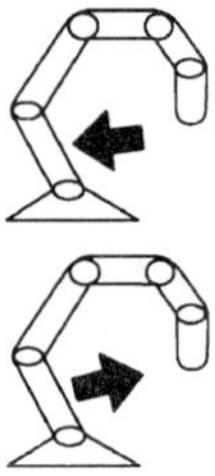	搅拌反转/停止/搅拌正转转换	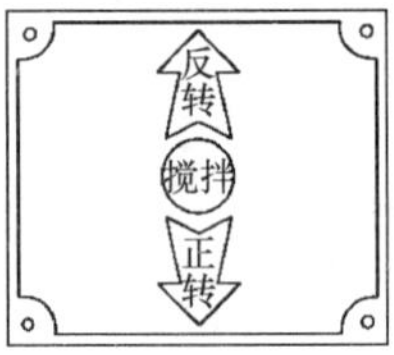 反转 搅拌 正转
臂架回转标识	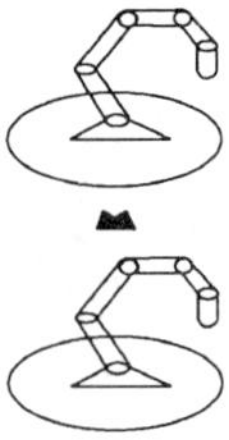	支腿摆动标识	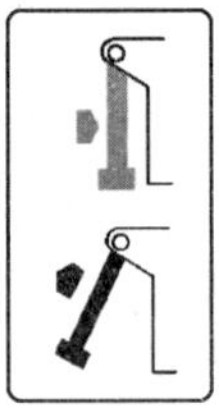
支腿垂直升降动作标识	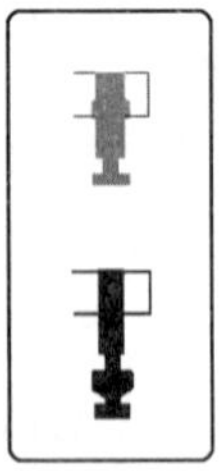	支腿水平伸缩动作标识	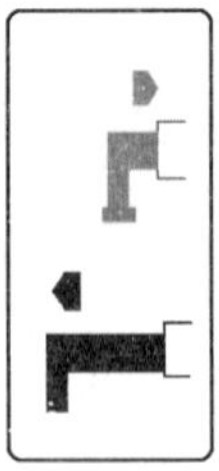

第三节　主要标识位置示意图

主要标识位置如图 8-1、表 8-3 所示。

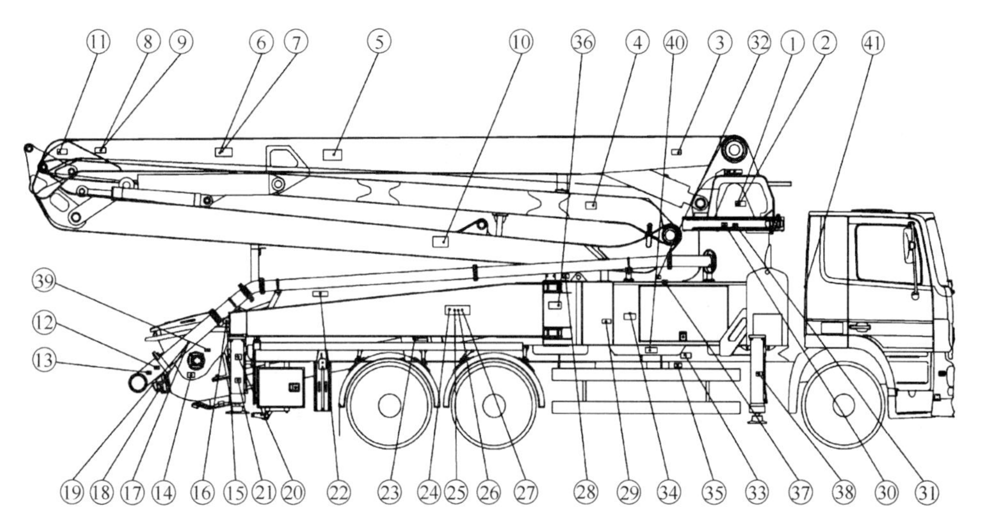

图 8-1　主要标识位置编号

主要标识说明　　**表 8-3**

序号	说　明	序号	说　明
1	与高压电保持安全距离的警示牌	22	气动黄油机提示牌
2	佩戴安全帽标识	23	泵送系统工作时严禁标识（A）
3	臂架编号 1	24	整机润滑保养标识
4	臂架编号 3	25	常规检查标识
5	允许起吊点标识	26	泵车工作时最大倾角标识
6	臂架软管最大长度限制标识	27	支腿动作区严禁有人标识
7	工作人员严禁在臂架下方作业标识	28	加水口标识
8	臂架下严禁站人标识	29	支腿操作标识
9	严禁使用臂架起吊重物标识	30	取力箱齿轮标识
10	臂架编号 2	31	回转遥控标识
11	臂架编号 4	32	禁止触摸运动或发热部件标识
12	泵送时标识（C）	33	油箱底排水阀标识
13	泵送时标识（D）	34	液压油位标识
14	泵送系统工作时严禁标识（B）	35	电源接通时严禁电焊等作业标识
15	泵送时标识（A）	36	箭头标识
16	泵送时标识（B）	37	加油口标识
17	泵送时标识（E）	38	前支腿反力标识
18	泵送系统工作时严禁标识（C）	39	CE 标识
19	严禁作业时探入料斗标识	40	铭牌
20	小心压脚标识	41	泵车基本保养项目
21	后支腿压力标识		

第九章　高层混凝土泵送施工工法与标准规范

第一节　泵送施工工法

本章节所列泵送工法仅为读者了解基本知识的工程示例，施工现场应根据施工具体需求制定详细泵送方案、设备配置方案、混凝土供应运输方案等，并经施工现场按程序审批后方可实施。

一、适用范围

本工艺标准适用于工业与民用建筑混凝土结构，多层、框架、高层大模板结构的现场拌制和预拌普通混凝土的泵送浇筑工艺。

二、施工准备

1. 材料

（1）现场拌制混凝土：

水泥：用强度等级 42.5 普通硅酸盐水泥或矿渣硅酸盐水泥。当适用矿渣硅酸盐水泥时，应视具体情况采取早强措施，确保模板拆除时混凝土的强度达到拆模要求。

砂：粗砂或中砂，当混凝土为 C30 以下时，含泥量不大于 5%。混凝土等于及高于 C30 时，含泥量不大于 3%。

石子：卵石或碎石，粒径 0.5～3.2cm，当混凝土强度为 C30 以下时，含泥量不大于 2%，当混凝土强度等于及高于 C30 时，含泥量不大于 1%。

水：宜选用饮用水。其他水，其水质必须符合《混凝土用水标准》JGJ 63—2006 的规定。

掺合料：泵送混凝土中常用的掺合料为粉煤灰，其掺量应通过试验确定，并应符合《用于水泥和混凝土中的粉煤灰》GB/T 1596 和《预拌混凝土》GB/T 14902 的有关规定。

外加剂：减水剂、早强剂等应符合《混凝土外加剂》GB 8076、《混凝土外加剂应用技术规范》GB 50119 和《预拌混凝土》GB/T 14902 等有关标准要求的规定，其掺量必须经过试验后确定。

（2）预拌混凝土：

骨料活性指标应符合工程要求，由商品混凝土搅拌站提供详细资料，现场技术部门要进行查验，根据工程特点及施工环境确定混凝土要求初凝时间和终凝时间，坍落度要求控制在（16±2)cm 之间，混凝土必须具有可泵性，但不得出现分层离析现象。预拌混凝土应保证均衡连续供应，混凝土从卸料到泵送完毕时间不得超过 1.5h，所以要根据工程位置选择距离较近的预拌混凝土供应商，以保证混凝土工程的质量。

2. 主要机具

主要机具有混凝土搅拌机、混凝土输送泵车、泵管、布料杆、振动棒、铁锹、抹子、铁板、灰槽等。

三、作业条件

（1）钢筋、模板工程应办完隐检预检手续，注意检查钢筋的垫块、支铁，以保证保护层的厚度。检查固定模板的螺栓是否穿过混凝土墙，穿过混凝土外墙时，应采取止水措施，模内杂物清理干净。核实预埋件、预留孔洞、水电预埋管线等的位置、数量及固定情况。

（2）商品混凝土中使用的各种原材料的试验报告，出厂合格证、准用证等提前报使用单位（包括混凝土配合比通知单），并应符合国家现行标准《预拌混凝土》GB/T 14902 的有关规定。

（3）根据工程情况绘制简单的混凝土泵管以及布料杆的位置，确定搅拌站或混凝土输送泵的合理位置。混凝土输送泵支设处，应场地平整、坚实，具有重车行走和满足车辆供料、调车的条件，并尽可能靠近浇筑点。

（4）在布置泵管的同时应考虑减少压力损失，注意尽量缩短管线的长度，少用弯管和软管。

（5）在高温炎热季节施工时，要在混凝土输送泵管上覆盖湿草袋等降温措施，并每隔一段时间进行浇水湿润。在严寒的冬期施工时，混凝土输送泵管应用保温材料包裹，以防止管内混凝土受冻，并保证混凝土的入模温度。

四、操作工艺

1. 工艺流程

作业准备→混凝土搅拌→混凝土运输（预拌）→混凝土泵送→混凝土浇筑、振捣→拆模、养护

2. 作业准备

混凝土浇筑前，应办理好前道工序的相关手续，并做好现场清理工作。

3. 混凝土现场搅拌

根据工程量准备好足够的材料，搅拌机操作人员必须经过专业技能的培训。在搅拌时应注意加料顺序，必须严格按照混凝土施工配比单进行上料，认真检查各种材料的含水率，根据含水率情况由专人调整混凝土的配合比。各种外加剂的掺量必须严格控制。

4. 混凝土运输

采用商品混凝土时要注意从搅拌站至施工现场的运输罐车，应能保持连续均衡供应，根据天气情况宜控制在 0.5～1h 之内，混凝土搅拌输送泵车装料前，必须将搅拌筒内的积水倒净，运输途中严禁向拌筒内加水。商品混凝土运至目的地，当坍落度损失过大时，可在符合混凝土设计配合比要求的条件下适量加水，并强力搅拌后，方可斜料。混凝土搅拌运输车在运输途中，拌筒应保持 3～6r/min 的慢速转动。

5. 混凝土浇筑

（1）在混凝土泵送前应严格检查泵管及布料杆的连接情况，在场地软弱的地方应加垫枕木等加强措施。经泵送水的检查，确认混凝土泵和输送管内无杂物后，可以采用与将要泵送的混凝土同配比除去粗骨料的水泥砂浆，进行润管，水泥砂浆不得集中浇筑在同一处，应装在灰槽内，作为墙体或柱子浇筑混凝土前的垫底砂浆。

（2）混凝土浇筑时的自由倾落高度一般不宜超过 2m，若不能保证时，应采用溜槽，以防止混凝土出现分层离析现象。

（3）墙、柱混凝土浇筑

墙柱混凝土浇筑前，必须在底部接槎处先浇筑 50～100mm 厚的与混凝土同配比除去粗骨料的水泥砂浆。用铁锹均匀入模，不应用泵管或吊斗直接灌入模内。第一层浇筑高度应控制在 500mm 左右，以后每层浇筑高度应控制在 1.25 倍振捣棒有效长度，根据不同的振捣棒，计算出混凝土的下料高度，以标杆检查。分层浇筑、振捣，混凝土下料点应分散均匀。墙体连续浇筑的间隔时间不得超过 2h，如果已超过混凝土初凝时间的应按照施工缝进行。墙体上留置的施工缝必须符合设计要求，如无特殊要求的应符合规范规定。

洞口处的混凝土浇筑时，必须保证两侧同时均匀下料，振捣棒距洞边应在 300mm 以上，两侧应同时振捣。较大的洞口下部模板应留排气孔，并认真仔细振捣密实。振捣棒间距应小于振捣棒作用半径的 1.5 倍，洞口两侧构造柱、内外交接点要振捣密实，振捣棒插入下层混凝土的深度不少于 50mm，振捣时应注意不得碰撞预埋件和各种管线。

墙柱混凝土浇筑到最后一层时，以振捣棒振到表面呈现浮浆和不再沉落为准，并用小勺将浮浆舀出，然后用木抹子按标高线将混凝土表面抹平。

（4）基础底板及楼板混凝土浇筑

浇灌前必须在钢筋间支设马凳，并在马凳上铺设脚手板，操作人员严禁踩踏钢筋，泵送管线也必须用架管支设起来，不得直接放在钢筋上。在布料杆安置位置的混凝土应最后浇筑。

混凝土要均匀摊铺，不准集中流淌。对于有梁或积水坑的混凝土应先行分层浇筑，特别是积水坑底板的混凝土浇筑时，应等底板混凝土达到一定的强度后，再浇墙壁的混凝土，这样可以防止混凝土从底板向上冒。大体积混凝土浇筑时必须分层进行浇筑，分层浇筑的间歇时间应严格控制。楼板混凝土浇筑时用平板混凝土振捣器全面振密实，然后由人工用大杠刮平，加强混凝土表面的搓抹工作，混凝土初凝前，表面用刮尺刮平后，用木抹子搓平、拍实，注意严格控制楼板混凝土的浇筑标高。

底板与墙体之间的水平施工缝的留置应符合《地下防水工程质量验收规范》GB 50208 的规定，大体积混凝土在浇筑时要预先设好测温孔，并做好测温记录。

（5）楼梯混凝土浇筑

楼梯混凝土浇筑前应认真将施工缝内的杂物清理干净，并在施工缝处铺 30mm 厚的与混凝土同配比除去粗骨料的水泥砂浆一层。楼梯梯段的混凝土浇筑应自下而上进行，先将楼梯梁的梁头和底板混凝土振捣密实，达到踏步位置时，再同踏步混凝土一起浇筑振捣，不断连续向上推进，并随时用木抹子将踏步上表面抹平。

6. 混凝土养护及拆模

浇筑完6～10h内覆盖浇水养护，要保持混凝土表面湿润，普通混凝土养护不少于7d，抗渗混凝土养护不少于14d，基础底板大体积混凝土要做好测温工作，一般情况下，混凝土浇筑后3d内，每2h测一次，4d以后每4h测一次，测温至混凝土内外温差不超过25℃为止。防水混凝土拆模时结构表面的温度与环境气温的温差不得超过15℃。

墙体混凝土的强度≥1.2MPa后方可拆模。当模板螺栓松开后，应及时浇水内外养护。大模板起吊后墙的侧面应设专人进行涂刷合格的混凝土专用养护剂，涂刷必须均匀，且不少于两遍，墙顶面要继续浇水养护。当大气温度低于5℃时，不得进行浇水养护。

楼梯及顶板的模板拆除，混凝土的强度必须满足拆模的要求。如无规定时，应符合《混凝土结构工程施工质量验收规范》GB 50204的有关要求。

混凝土的拆模强度应以现场同条件养护试块为准，拆模时必须要有拆模申请单，并由技术主管人员签认。

五、质量标准

1. 保证项目

混凝土所用的水泥、水、粗细骨料、外加剂等原材料和施工配合比必须符合设计要求和施工规范规定。对设计不允许有裂缝的结构，严禁出现裂缝；设计允许有裂缝的结构其裂缝宽度必须符合设计要求，有抗渗要求的混凝土严禁有渗漏现象。

2. 基本项目

混凝土应振捣密实，不得有露筋、蜂窝、孔洞、缝隙、夹渣等缺陷。混凝土结构严禁有冷缝出现。

3. 允许偏差项目

现浇混凝土结构构件的允许偏差和检验方法，见表9-1。

现浇混凝土结构构件的允许偏差和检验方法　　表9-1

序号	项　目		允许偏差（mm）				检验方法
			单层多层	高层框架	多层大模	高层大模	
1	轴线位移	独立基础	10	10	10	10	尺量检查
		其他基础	15	15	15	15	
		柱、墙、梁	8	5	8	5	
2	标高	层高	±10	±5	±10	±10	用水准仪或尺量
		全高	±30	±30	±30	±30	
3	截面尺寸	基础	+15、−10	+15、−10	+15、−10	+15、−10	尺量检查
		柱、墙、梁	+8、−5	±5	+5、−2	+5、−2	
4	柱墙垂直度	每层	5	5	5	5	用2m靠尺检查
		全高	H/1000且不大于20	H/1000且不大于30	H/1000且不大于20	H/1000且不大于30	用经纬仪或吊线和尺量

续表

序号	项　目		允许偏差（mm）				检验方法
			单层多层	高层框架	多层大模	高层大模	
5	表面平整度		8	8	4	4	2m 靠尺和塞尺
6	预埋件中心线偏移		10	10	10	10	
7	预埋管、孔洞中心线位置偏移		5	5	5	5	
8	预埋螺栓中心线位置偏移		5	5	5	5	
9	预留洞中心线位置偏移		5	5	5	5	
10	电梯井	井筒长、宽对中心线	+25 －0	+25 －0	+25 －0	+25 －0	
		井筒全高垂直度	H/1000 且不大于 30	H/1000 且不大于 30	H/1000 且不大于 30	H/1000 且不大于 30	吊线和尺量检查

注：1. H 为柱高、墙全高。

2. 滑模、升板等结构的检查应按专门规定执行。

六、成品保护

（1）为保护钢筋、模板尺寸位置正确，严禁踩踏钢筋。

（2）在拆模或吊动其他物件时，不得碰坏施工缝处企口及止水带。

（3）振捣混凝土时保持好钢筋位置，保护好穿墙管、电线盒及预埋件和洞口位置，振捣时应注意不得挤偏或使预埋件挤入混凝土内。

（4）在混凝土浇筑时要派专人看护钢筋和模板，同时应注意混凝土不得污染钢筋，对钢筋应采取有效的保护措施，泵管口应用挡板，防止混凝土直接落在钢筋上，如有污染应用钢丝刷或湿布及时进行擦拭清理，有偏移的钢筋应及时扶正就位。

（5）在浇筑完的混凝土强度未达到 1.2MPa 时，严禁上人行走和堆放重物，特别是楼梯踏步的表面要采取有效的保护措施。

（6）冬期施工在已浇的楼板上覆盖保温材料时，要在铺的脚手板上操作，尽量不踩踏出脚印，或随盖随抹，将脚印处搓平。

七、注意的质量问题

（1）严禁在混凝土内任意加水，必须严格控制水灰比。

（2）穿墙管外预埋止水环的套管和止水带，应在混凝土浇筑前将位置要固定准确，止水环周围混凝土要细心振捣密实，防止漏振，主管与套管按设计要求用防水密封膏封严。

（3）严格控制混凝土的下料厚度，在墙柱混凝土浇筑前一定要先铺一道 50～100mm 厚的水泥砂浆，防止混凝土出现蜂窝、露筋、孔洞。混凝土振捣手必须经过严格的上岗培训。

（4）墙柱的模板内杂物要清理干净，防止混凝土出现夹渣、缝隙等缺陷。

八、质量记录

（1）材料（水泥、砂、石、外加剂等）出厂合格证、试验报告，商品混凝土的出厂合格证。

（2）混凝土试块试验报告及强度评定。

（3）分项工程及验收批的质量检验评定。

（4）隐检、预检记录。

（5）混凝土的施工记录，冬期施工记录，测温记录。

（6）设计变更、洽商记录。

九、安全和环境保护

（1）施工现场必须戴好安全帽，临边及高空作业时必须按要求系好安全带。

（2）混凝土浇筑施工前应检查施工用电机、电线和操作架的安全可靠性；施工操作人员必须穿绝缘鞋，振捣手必须戴绝缘手套。

（3）施工用电线必须架空铺设，夜间施工时应事先做好照明准备，要有足够的照明，以满足控制混凝土的浇筑质量。施工用电必须由专业电工接线，并要有值班人员到场指挥。

（4）冬期施工时，应注意在混凝土输送前，一定要检查泵管内是否有冰块堵塞，防止发生意外事故。采取升温措施的施工区域内严禁有易燃物品，并要有专人看护，灭火设施要齐备。

（5）在混凝土搅拌站附近要有清洗用的沉淀池，并定期进行清理，施工产生的污水均必须经过沉淀处理后，方可外排。混凝土输送泵车清洗的污水也必须排入沉淀池内。

（6）工地大门口必须设置清洗池，所有出入车辆，必须进行清洗后，才能进入城区街道。

（7）施工现场的砂子、水泥等易被风带走的细小颗粒材料，必须进行有效的覆盖，防止产生扬尘，污染空气。

第二节　标　准　规　范

本节为标准内容摘录，现场涉及标准实施时，应查阅标准原文并按照执行。

一、《施工现场机械设备检查技术规范》JGJ 160—2016

9.5　混凝土输送泵车

9.5.1　搅拌系统应符合本规范第 9.4.2 条的规定。

9.5.2　回转布料系统应符合下列规定：

1　回转支承转动应灵敏可靠，内外圈间隙应符合使用说明书的规定；油马达、减速箱运转不应有异响、脱挡、泄漏，制动器应灵敏可靠，各连接螺栓的连接应牢固；

2　布料杆伸缩动作应灵敏可靠，结构应完好，不应变形，输送管道磨损不应超过规定，且不应有漏浆、开焊现象，卡固应牢靠；臂架液压油缸不应渗油、内泄下滑，臂架液压锁功能应正常，严禁接管。

9.5.3 供水水泵运转应正常，部件应齐全完整，管路不应有渗漏。

9.5.4 各部位油位、水位应在规定范围内。

9.5.5 安全装置应符合下列规定：

1 液压系统中设有防止过载和液压冲击的安全装置；安全溢流阀的调整压力不得大于系统额定工作压力的110%；系统的额定工作压力不得大于液压泵的额定压力；

2 制动应灵敏可靠有效，不跑偏；压印、拖印应符合验车要求，制动踏板自由行程应符合使用说明书要求；

3 报警装置及紧急制动开关工作应可靠，各液压锁工作应正常；

4 料斗上部隔板、小水箱安全防护板、走台板、防护栏杆等设施应齐全完好，安全警示牌和相关操作指示牌应齐全醒目，操作室应配备灭火器材。

9.5.6 车辆底盘各部位应润滑良好，机油、冷却液和电瓶液数量应充足；空气滤芯应清洁有效；各部连接螺栓应紧固无松动；各轮胎气压应正常；灯光应齐全有效；转向系统、制动系统和离合动作应灵敏可靠。

9.5.7 布料杆前段接软管处应有安全连接保护。

二、《建筑机械使用安全技术规程》JGJ 33—2012

8.6 混凝土泵车

8.6.1 混凝土泵车应停放在平整坚实的地方，与沟槽和基坑的安全距离应符合说明书的要求。臂架回转范围内不得有障碍物，与输电线路的安全距离应符合《施工现场临时用电安全技术规范》JGJ 46的有关规定。

8.6.2 混凝土泵车作业前，应将支腿打开，用垫木垫平，车身的倾斜度不应大于3°。

8.6.3 作业前应重点检查以下项目，并符合下列规定：

1 安全装置齐全有效，仪表指示正常。

2 液压系统、工作机构运转正常。

3 料斗网格完好牢固。

4 软管安全链与臂架连接牢固。

8.6.4 伸展布料杆应按出厂说明书的顺序进行。布料杆升离支架后方可回转。严禁用布料杆起吊或拖拉物件。

8.6.5 当布料杆处于全伸状态时，不得移动车身。作业中需要移动车身时，应将上段布料杆折叠固定，移动速度不得超过10km/h。

8.6.6 严禁延长布料配管和布料软管。

三、《混凝土泵送施工技术规程》JGJ/T 10—2011

混凝土泵送是目前建筑工程中混凝土主体施工不可或缺的工艺，其在市政与交通、水利水电等基础设施建设中也得到大量应用，泵送施工工艺涉及因素繁多，施工中管路安全要求较高，布管等作业不规范容易引发安全事故，浇筑过程往往涉及重大结构的质量安全，非常有必要严格按规范控制泵送施工工艺过程。

《混凝土泵送施工技术规程》JGJ/T 10—2011 在起草时充分吸收了国际国内先进技术，针对泵送施工工艺所提出的技术条文要求经大量施工实践证明有效。

混凝土泵送施工技术规程的主要内容有：总则，术语和符号，泵送混凝土原材料和配合比，泵送混凝土供应，混凝土泵送及管道的选择和布置，混凝土的泵送和浇筑，泵送混凝土质量控制，高强度混凝土泵送等。

第三节　施工现场其他常用安全标准

本节为标准内容摘录，现场涉及标准实施时，应查阅标准原文并按照执行。

一、《施工企业安全生产管理规范》GB 50656

《施工企业安全生产管理规范》GB 50656—2011 第 12.0.5 条的规定，明确要求高处作业施工安全技术措施必须列入施工组织设计，同时明确了所应包括的主要内容。对于专业性较强、结构复杂、危险性较大的项目或采用新结构、新材料、新工艺或特殊结构的高处作业，强调要求编制专项方案，以及专项方案必须经相关管理人员审批。

二、《建筑施工高处作业安全技术规范》JGJ 80

《建筑施工高处作业安全技术规范》JGJ 80—2016 的主要内容有：总则、术语和符号、基本规定、临边与洞口作业、攀登与悬空作业、操作平台、交叉作业、建筑施工安全网及有关附录，共计 8 章 3 个附录。该标准注意到了近几年移动式升降工作平台发展速度很快，使用也较为方便。提出移动式升降平台不仅要符合现行国家标准的要求，在其使用过程中还要严格按该平台使用说明书操作。

2016 版本与 1991 版规范相比，增加了术语和符号章节；将临边和洞口作业中对护栏的要求归纳、整理，统一对其构造进行规定；在攀登与悬空作业章节中，增加屋面和外墙作业时的安全防护要求；将操作平台和交叉作业章节分开为操作平台和交叉作业两个章节，分别对其提出了要求；对移动操作平台、落地式操作平台与悬挑式操作平台分别作出了规定；增加了建筑施工安全网章节，并对安全网设置进行了具体规定。鼓励使用和推广标准化、定型化产品的安全防护设施。

三、机械化施工现场常用安全标准

《安全色》GB 2893

《安全标志及其使用导则》GB 2894

《道路交通标志和标线》GB 5768

《消防安全标志》GB 13495

《消防安全标志设置要求》GB 15630

《消防应急照明和疏散指示标志》GB 17945

《土方机械机器安全标签通则》GB 20178

《建设工程施工现场供用电安全规范》GB 50194

《建筑施工安全技术统一规范》GB 50870

《建筑工程施工现场标志设置技术规程》JGJ 348

《建筑机械使用安全技术规程》JGJ 33

《施工现场机械设备检查技术规范》JGJ 160

《建设工程施工现场环境与卫生标准》JGJ 146

《建筑施工脚手架安全技术统一标准》GB 51210

《建筑施工高处作业安全技术规范》JGJ 80

《建筑施工起重吊装工程安全技术规范》JGJ 276

《建筑拆除工程安全技术规范》JGJ 147

《施工现场临时用电安全技术规范》JGJ 46

《建筑施工安全检查标准》JGJ 59

《建筑起重机械安全评估技术规程》JGJ/T 189

《建筑施工升降设备设施检验标准》JGJ 305

《建筑施工门式钢管脚手架安全技术规范》JGJ 128

《建筑施工扣件式钢管脚手架安全技术规范》JGJ 130

以上,《建筑机械使用安全技术规程》《施工现场机械设备检查技术规范》《建筑施工升降设备设施检验标准》等对高空作业机械使用、日常检查、检验等做了具体规定,读者应关注标准的最新版本,做延伸阅读,以充实作业现场标准知识。

学员和教师在施工现场还需注意出入施工现场遵守安全规定,认知标志,保障安全。均应注意学习施工现场安全管理规定、设备与自我防护知识、成品保护知识、临近作业、交叉作业安全规定等;尤其是要了解和认知施工现场安全常识、现场标志,遵守相关标准的安全规定。

第十章　施工现场常见标志与标示

住房和城乡建设部发布行业标准《建筑工程现场标志设置技术规程》JGJ 348—2014，自2015年5月1日起实施。其中，第3.0.2条为强制性条文，必须严格执行。

施工现场安全标志的类型、数量应根据危险部位的性质，分别设置不同的安全标志。建筑工程施工现场的下列危险部位和场所应设置安全标志：

（1）通道口、楼梯口、电梯口和孔洞口。

（2）基坑和基槽外围、管沟和水池边沿。

（3）高差超过1.5m的临边部位。

（4）爆破、起重、拆除和其他各种危险作业场所。

（5）爆破物、易燃物、危险气体、危险液体和其他有毒有害危险品存放处。

（6）临时用电设施和施工现场其他可能导致人身伤害的危险部位或场所。

根据现行《建筑工程安全生产管理条例》的规定，施工单位应当在施工现场入口处、施工起重机械、临时用电设施、脚手架、出入通道口、楼梯口、电梯井口、孔洞口、桥梁口、隧道口、基坑边缘、爆破物及有害危险气体和液体存放处等危险部位，设置明显的安全警示标志。

施工现场内的安全设施、设备、标志等，任何人不得擅自移动、拆除。因施工需要必须移动或拆除时，必须要经项目经理同意并办理相关手续后，方可实施。

安全标志是指在操作人中容易产生错误，易造成事故的场所，为了确保安全，所设置的一种标示。此标示由安全色、几何图形复合构成，是用以表达特定安全信息的特殊标示，设置安全标志的目的，是为了引起人们对不安全因素的注意，预防事故发生。安全标志包括：

（1）禁止标志：是不准或制止人们的某种行为（图形为黑色，禁止符号与文字底色为红色）。

（2）警告标志：是使人们注意可能发生的危险（图形警告符号及字体为黑色，图形底色为黄色）。

（3）指令标志：是告诉人们必须遵行的意思（图形为白色，指令标志底色均为蓝色）。

（4）提示标志：是向人们提示目标和方向。

安全色是表达安全信息的颜色，表示禁止、警告、指令、提示等意义，其作用在于使人能迅速发现或分辨安全标志，提醒人员注意，预防事故发生。安全色包括：

（1）红色：表示禁止、停止、消防和危险的意思。

（2）黄色：表示注意、警告的意思。

（3）蓝色：表示指令、必须遵守的规定。

（4）绿色：表示通行、安全和提供信息的意思。

专用标志是结合建筑工程施工现场特点，总结施工现场标志设置的共性所提炼的，专用标志的内容应简单、易懂、易识别；要让从事建筑工程施工的从业人员都能准确无误地识别，所传达的信息独一无二，不能产生歧义。其设置的目的是引起人们对不安全因素的注意并规范施工现场标志的设置，使施工现场安全文明。专用标志可分为名称标志、导向标志、制度类标志和标线4种类型。

多个安全标志在同一处设置时，应按禁止、警告、指令、提示类型的顺序，先左后右，先上后下地排列。出入施工现场遵守安全规定，认知标示，保障安全是实习阶段最应关注的事项。学员和教员均应注意学习施工现场安全管理规定、设备与自我防护知识、成品保护知识、临近作业和交叉作业安全规定等；尤其是要了解和认知施工现场安全常识、现场标志，遵守管理规定。

常见标准如下：

《安全色》GB 2893

《安全标志及其使用导则》GB 2894

《道路交通标志和标线》GB 5768

《消防安全标志》GB 13495

《消防安全标志设置要求》GB 15630

《消防应急照明和疏散指示标志》GB 17945

《建筑工程施工现场标志设置技术规程》JGJ 348

《建筑机械使用安全技术规程》JGJ 33

《施工现场机械设备检查技术规范》JGJ 160

根据现行《建设工程安全生产管理条例》的规定，施工单位应当在施工现场入口处、施工起重机械、临时用电设施、脚手架、出入通道口、楼梯口、电梯井口、孔洞口、桥梁口、隧道口、基坑边沿、爆破物及有害危险气体和液体存放处等危险部位，设置明显的安全警示标志。安全警示标志必须复合国家标准。本条重点指出了通道口、预留洞口、楼梯口、电梯井口、基坑边沿、爆破物存放处、有害危险气体和液体存放处应设置安全标志，目的是强化在上述区域安全标志的设置。在施工过程中，当危险部位缺乏相应安全信息的安全标志时，极易出现安全事故。为降低施工过程中安全事故发生的概率，要求必须设置明显的安全标志。危险部位安全标志设置的规定，保证了施工现场安全生产活动的正常进行，也为安全检查等活动正常开展提供了依据。

第一节 禁止类标志

施工现场禁止标志的名称、图形符号、设置范围和地点的规定见表10-1。

禁止标志 **表10-1**

名称	图形符号	设置范围和地点	名称	图形符号	设置范围和地点
禁止通行	禁止通行	封闭施工区域和有潜在危险的区域	禁止停留	禁止停留	存在对人体有危害因素的作业场所

续表

名称	图形符号	设置范围和地点	名称	图形符号	设置范围和地点
禁止跨越	禁止跨越	施工沟槽等禁止跨越的场所	禁止吸烟	禁止吸烟	禁止吸烟的木工加工场等场所
禁止跳下	禁止跳下	脚手架等禁止跳下的场所	禁止烟火	禁止烟火	禁止烟火的油罐、木工加工场等场所
禁止乘人	禁止乘人	禁止乘人的货物提升设备	禁止放易燃物	禁止放易燃物	禁止放易燃物的场所
禁止踩踏	禁止踩踏	禁止踩踏的现浇混凝土等区域	禁止用水灭火	禁止用水灭火	禁止用水灭火的发电机、配电房等场所
禁止碰撞	禁止碰撞	易有燃气积聚，设备碰撞发生火花易发生危险的场所	禁止攀登	禁止攀登	禁止攀登的桩机、变压器等危险场所

续表

名称	图形符号	设置范围和地点	名称	图形符号	设置范围和地点
禁止挂重物	禁止挂重物	挂重物已发生危险的场所	禁止靠近	禁止靠近	禁止靠近的变压器等危险区域
禁止入内	禁止入内	禁止非工作人员入内和易造成事故或对人员产生伤害的场所	禁止启闭	禁止启闭	禁止启闭的电气设备处
禁止吊物下通行	禁止吊物下通行	有吊物或吊装操作的场所	禁止合闸	禁止合闸	禁止电气设备及移动电源开关处
禁止转动	禁止转动	检修或专人操作的设备附近	禁止堆放	禁止堆放	堆放物资影响安全的场所
禁止触摸	禁止触摸	禁止触摸的设备货物体附近	禁止挖掘	禁止挖掘	地下设施等禁止挖掘的区域
禁止戴手套	禁止戴手套	戴手套易造成手部伤害的作业地点			

第二节　警　告　标　志

施工现场警告标志的名称、图形符号、设置范围和地点的规定见表 10-2。

警 告 标 志　　表 10-2

名称	图形符号	设置范围和地点	名称	图形符号	设置范围和地点
注意安全	注意安全	禁止标志中易造成人员伤害的场所	当心跌落	当心跌落	建筑物边沿、基坑边沿等易跌落场所
当心火灾	当心火灾	易发生火灾的危险场所	当心伤手	当心伤手	易造成手部伤害的场所
当心坠落	当心坠落	易发生坠落事故的作业场所	当心机械伤人	当心机械伤人	易发生机械卷人、轧伤、碾伤、剪切等机械伤害的作业场所
当心碰头	当心碰头	易碰头的施工区域	当心绊倒	当心绊倒	地面高低不平易绊倒的场所
当心爆炸	当心爆炸	易发生爆炸危险的场所	当心障碍物	当心障碍物	地面有障碍物并易造成人的伤害的场所

续表

名称	图形符号	设置范围和地点	名称	图形符号	设置范围和地点
当心车辆	当心车辆	车、人混合行走的区域	当心塌方	当心塌方	有塌方危险的区域
当心触电	当心触电	有可能发生触电危险的场所	当心冒顶	当心冒顶	有冒顶危险的作业场所
注意避雷	避雷装置 注意避雷	易发生雷电电击的区域	当心吊物	当心吊物	有吊物作业的场所
当心滑倒	当心滑倒	易滑倒场所	当心噪声	当心噪声	噪声较大易对人体造成伤害的场所
当心扎脚	当心扎脚	易造成足部伤害的场所	当心坑洞	当心坑洞	有坑洞易造成伤害的场所
当心落物	当心落物	易发生落物危险的区域	当心飞溅	当心飞溅	有飞溅物质的场所

续表

名称	图形符号	设置范围和地点	名称	图形符号	设置范围和地点
注意通风	注意通风	通风不良的有限空间	当心自动启动	当心自动启动	配有自动启动装置的设备处

第三节　指　令　标　志

施工现场指令标志的名称、图形符号、设置范围和地点的规定见表 10-3。

指 令 标 志　　**表 10-3**

名称	图形符号	设置范围和地点	名称	图形符号	设置范围和地点
必须戴防毒面具	必须戴防毒面具	通风不良的有限空间	必须戴防护眼镜	必须戴防护眼镜	有强光等对眼睛有伤害的场所
必须戴防护面罩	必须戴防护面罩	有飞溅物质等对面部有伤害的场所	必须消除静电	必须消除静电	有静电火花会导致灾害的场所
必须戴防护耳罩	必须戴防护耳罩	噪声较大易对人体造成伤害的场所	必须戴安全帽	必须戴安全帽	施工现场

续表

名称	图形符号	设置范围和地点	名称	图形符号	设置范围和地点
必须戴防护手套	必须戴防护手套	具有腐蚀、灼烫、触电、刺伤、砸伤的场所	必须系安全带	必须系安全带	高处作业的场所
必须穿防护鞋	必须穿防护鞋	具有腐蚀、灼烫、触电、刺伤、砸伤的场所	必须用防爆工具	必须用防爆工具	有静电火花会导致灾害的场所

第四节 提 示 标 志

施工现场提示标志的名称、图形符号、设置范围和地点的规定见表10-4。

指 令 标 志 **表10-4**

名称	图形符号	设置范围和地点	名称	图形符号	设置范围和地点
动火区域		施工现场规定的可以使用明火的场所	避险处	避 险 处  	躲避危险的场所

续表

名称	图形符号	设置范围和地点	名称	图形符号	设置范围和地点
应急避难场所	应急避难场所	容纳危险区域内疏散人员的场所	紧急出口	紧急出口	用于安全疏散的紧急出口处，与方向箭头结合设置在通向紧急出口的通道处（一般应指示方向）

第五节 导 向 标 志

施工现场导向标志的名称、图形符号、设置范围和地点的规定见表 10-5。交通警告标志见表 10-6。

导 向 标 志 **表 10-5**

名称	图形符号	设置范围和地点	名称	图形符号	设置范围和地点
直行		道路边	靠右侧道路行驶		须靠右行驶前
向右转弯		道路交叉口前	单行路（按箭头方向向左或向右）		道路交叉口前
向左转弯		道路交叉口前	单行路（直行）		允许单行路前
靠左侧道路行驶		须靠左行驶前	人行横道		人穿过道路前

续表

名称	图形符号	设置范围和地点	名称	图形符号	设置范围和地点
限制重量		道路、便桥等限制质量地点前	禁止停车		施工现场禁止停车区域
限制高度		道路、门框等高度受限处	禁止鸣笛		施工现场禁止鸣喇叭区域
停车位		停车场前	限制速度		施工现场出入口等需要限速处
减速让行		道路交叉口前	限制宽度		道路宽度受限处
禁止驶入		禁止驶入路段入口处前	停车检查		施工车辆出入口处

交通警告标志 **表 10-6**

名称	图形符号	设置范围和地点	名称	图形符号	设置范围和地点
慢行		施工现场出入口、转弯处等	上陡坡		施工区域陡坡处，如基坑施工处
向左急转弯		施工区域向左急转弯处	下陡坡		施工区域陡坡处，如基坑施工处
向右急转弯		施工区域向右急转弯处	注意行人		施工区域与生活区域交叉处

第六节 现 场 标 线

施工现场标线的名称、图形符号、设置范围和地点的规定见表 10-7、图 10-1～图 10-3。

标 线 表 10-7

图 形	名 称	设置范围和地点
	禁止跨越标线	危险区域的地面
	警告标线（斜线倾角为 45°）	易发生危险或可能存在危险的区域，设在固定设施或建（构）筑物上
	警告标线（斜线倾角为 45°）	
	警告标线（斜线倾角为 45°）	
	警告标线	易发生危险或可能存在危险的区域，设在移动设施上
高压危险	禁止带	危险区域

图 10-1 临边防护标线示意（标志附在地面和防护栏上）

图 10-2 脚手架剪刀撑标线示意（标志附在剪刀撑上）

图 10-3 电梯井立面防护标线示意（标线附在防护栏上）

第七节 制 度 标 志

施工现场制度标志的名称、设置范围和地点的规定见表10-8。

制 度 标 志 **表10-8**

序号	名称		设置范围和地点
1	管理制度标志	工程概况标志牌	施工现场大门入口处和相应办公场所
		主要人员及联系电话标志牌	
		安全生产制度标志牌	
		环境保护制度标志牌	
		文明施工制度标志牌	
		消防保卫制度标志牌	
		卫生防疫制度标志牌	
		门卫制度标志牌	
		安全管理目标标志牌	
		施工现场平面图标志牌	
		重大危险源识别标志牌	
		材料、工具管理制度标志牌	仓库、堆场等处
		施工现场组织机构标志牌	办公室、会议室等处
		应急预案分工图标志牌	
		施工现场责任表标志牌	
		施工现场安全管理网络图标志牌	
		生活区管理制度标志牌	生活区
2	操作规程标志	施工机械安全操作规程标志牌	施工机械附近
		主要工种安全操作标志牌	各工种人员操作机械附件和工种人员办公室
3	岗位职责标志	各岗位人员职责标志牌	各岗位人员办公和操作场所

名称标示示例：

第八节　道路施工作业安全标志

混凝土布料机在道路上进行施工时应依据《中华人民共和国道路交通安全法》及当地政府颁发的安全法规和安全施工办法，根据道路交通的实际需求设置施工标志、路栏、锥形交通路标等安全设施，夜间应有反光或施工警告灯号，人行道上临时移动施工应使用临时护栏。同时应根据现行法律法规、交通状况、交通管理要求、环境及气候特征等情况，设置不同的标志。

常用的安全标志表10-9已经列出，具体设置方法请参照《道路交通标志和标线》GB 5768的有关规定执行。

道路施工常用安全标志　　　　**表10-9**

指示标志图形符号	名称	设置范围和地点	指示标志图形符号	名称	设置范围和地点
前方施工 1km 前方施工 300m	前方施工	道路边		道口标柱	路面上
右道封闭 300m 右道封闭	右道封闭	道路边	左道封闭 300m 左道封闭	左道封闭	道路边
	锥形交通标	路面上		施工路栏	路面上
道路封闭 道路封闭 300m	道路封闭	道路边		向右行驶	路面上
中间封闭 中间封闭 300m	中间道路封闭	道路边	向右改道	向右改道	道路边
	向左行驶	路面上		移动性施工标志	路面上
向左改道	向左改道	道路边			

参 考 文 献

[1] 建筑工程施工现场标志设置技术规程 JGJ 348—2014. 北京：中国建筑工业出版社，2014.

[2] 施工现场机械设备检查技术规范 JGJ 160—2016. 北京：中国建筑工业出版社，2016.

[3] 建筑机械使用安全技术规程 JGJ 33—2012 . 北京：中国建筑工业出版社，2012.

[4] 混凝土泵送施工技术规程 JGJ/T 10—2011. 北京：中国建筑工业出版社，2011.

[5] 中国建设教育协会. 混凝土泵车操作. 北京：中国建筑工业出版社，2009.

[6] 混凝土布料机 JB/T 10704—2007. 北京：机械工业出版社，2007.

[7] 混凝土及灰浆输送、喷射、浇注机械 安全要求 GB 28395—2012. 北京：中国标准出版社，2012.

[8] 靳同红. 混凝土机械构造与维修手册. 北京：化学工业出版社，2012.

[9] 王春琢. 施工机械基础知识. 北京：中国建筑工业出版社，2016.

[10] 王平. 建设机械岗位普法教育与安全作业常识读本. 北京：中国建筑工业出版社，2015.